染色体生物学

张 赫 编著

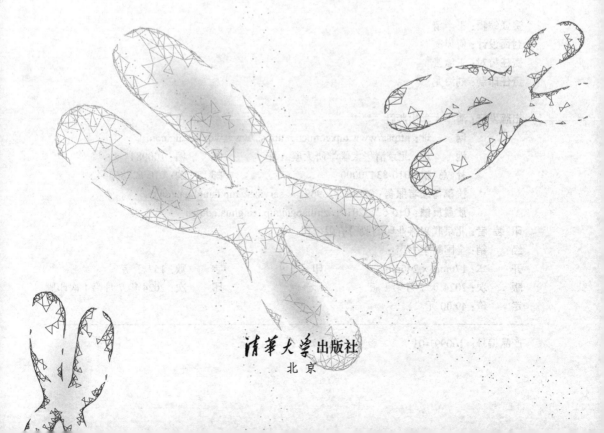

清华大学出版社
北京

内容简介

本书从生命的起源展开，介绍了染色体及其三维结构的发现历程，以及染色体与非编码RNA的前世今生，并揭秘了染色体与基因编辑、肿瘤发生、生物发育的密切关联，最后阐述了染色体在免疫治疗及新药研发方面的应用。

本书适合高校和科研院所生物学等专业的师生以及对染色体生物学感兴趣的读者阅读参考。本书将帮助读者直观了解染色体在人类生命历程中发挥的重要作用，领略染色体领域最新的研究进展，学习染色体在人类健康和疾病治疗中扮演的关键角色，最终能够对染色体及其相关领域研究有一个较为系统的认识。

版权所有，侵权必究。举报：010-62782989，beiqinquan@tup.tsinghua.edu.cn。

图书在版编目（CIP）数据

染色体生物学 / 张赫编著. －－ 北京：清华大学出版社，2024.7. －－ ISBN 978-7-302-66846-6

Ⅰ.Q243

中国国家版本馆CIP数据核字第20247TU182号

责任编辑：王　倩
封面设计：何凤霞
责任校对：王淑云
责任印制：刘海龙

出版发行：清华大学出版社
网　　址：https://www.tup.com.cn, https://www.wqxuetang.com
地　　址：北京清华大学学研大厦A座　　邮　编：100084
社 总 机：010-83470000　　邮　购：010-62786544
投稿与读者服务：010-62776969，c-service@tup.tsinghua.edu.cn
质量反馈：010-62772015，zhiliang@tup.tsinghua.edu.cn

印 装 者：北京联兴盛业印刷股份有限公司
经　　销：全国新华书店
开　　本：170mm×240mm　　印张：9　　字　数：157千字
版　　次：2024年7月第1版　　印　次：2024年7月第1次印刷
定　　价：49.00元

产品编号：100991-01

《染色体生物学》参编人员

张　赫

丁天宜　张晓宇　钮蓓蓓

张继星　徐浩文　杨　帆　白一然　石一兵　杨佳奇

陈超群　朱成博　王思琪　李姝慧　刘　蓉　张恩铭

序　言

染色体是细胞核内遗传信息的关键载体，在基因表达调控、细胞命运决定、恶性疾病发生等重要生命过程中发挥着极为重要的作用，是现代生命医学研究关注的重点对象。随着现代生命医学科学的不断发展，解读染色体的秘密对于从根本上认识基因转录、发育调控、疾病发病机制等生命过程，推动生命医学领域发展具有重要的国家战略价值，已成为国际生命医学研究的重点之一。

目前，国际上关于染色体的研究在表观遗传学、发育生物学、基础医学等各个研究领域都取得了十分显著的进展，但国内还未有系统性介绍染色体生物学领域研究成果和发展动态，并且适用于本科生和研究生的书籍。本书系统呈现了染色体生物学的全貌，从生命的源头出发，系统论述了染色体的发现和三维结构，全面展现了非编码 RNA 的前世今生，认真揭示了基因克隆与基因编辑的技术与应用，详细阐述了染色体与免疫、发育和疾病之间的关系。本书通过生动的叙述语言打开了染色体生物学领域的大门，不仅是对染色体生物学领域的一次深刻解读，更是一次科学知识的精彩呈现，对于全面认识染色体在生命过程、人类健康和疾病治疗中的关键作用具有十分重要的科学价值和广泛深远的社会效益。

本书由国内从事染色体研究的优秀青年学者整理当前国内外该领域的最新研究进展，并结合自身研究成果编写而成，兼顾学科交叉与融合，既充满专业知识，又易于读者接受与理解。期望这本书的出版，能够为我国染色体生物学研究的蓬勃发展提供新的动力，为广大读者提供一本适用的参考书。

中国科学院院士

2023 年 12 月

目 录

第1章 生命起源 1
  1.1 我们从哪里来 1
  1.2 宇宙起源 2
  1.3 人类诞生 6
  1.4 细胞核染色体的发现 7
  1.5 总结 9
  参考文献 9

第2章 染色体与双螺旋结构的发现 10
  2.1 染色体的发现 10
    2.1.1 孟德尔与遗传定律的发现 10
    2.1.2 生命大分子 12
    2.1.3 两类核酸的发现 12
    2.1.4 核酸的基本构成 12
    2.1.5 遗传物质是DNA而非蛋白质 13
    2.1.6 染色体的发现 14
    2.1.7 摩尔根与果蝇 15
    2.1.8 基因与遗传 16
  2.2 双螺旋结构的发现 19
    2.2.1 DNA双螺旋结构的三派之争 20
    2.2.2 发现DNA双螺旋结构的意义 21

第 3 章 染色体三维结构 ... 23
3.1 染色体的化学组成与结构 ... 23
3.1.1 染色体的化学组成 ... 24
3.1.2 染色体的结构 ... 25
3.2 染色质高维结构 ... 28
3.2.1 染色质疆域 ... 29
3.2.2 染色质区室 ... 30
3.2.3 拓扑结构域 ... 31
3.2.4 核膜关联域 ... 32
3.2.5 染色质环 ... 33
3.3 高维结构检测技术 ... 35
3.3.1 染色质可及性检测技术 ... 35
3.3.2 染色体构象捕获（3C）及其衍生技术 ... 36
3.3.3 高通量染色体构象捕获（Hi-C）技术 ... 37
3.3.4 三维基因组相关单细胞测序技术 ... 38
3.3.5 三维基因组可视化成像技术 ... 39
3.3.6 三维基因组信息学 ... 40
参考文献 ... 41

第 4 章 染色体与非编码 RNA ... 44
4.1 非编码 RNA 历史 ... 44
4.2 非编码 RNA 简介 ... 45
4.3 长链非编码 RNA ... 49
4.3.1 长链非编码 RNA 简介 ... 49
4.3.2 长链非编码 RNA 研究方法 ... 50
4.3.3 长链非编码 RNA 的研究实验手段 ... 52
4.4 非编码 RNA 与染色体的关系 ... 52
4.5 小结 ... 53
参考文献 ... 54

第 5 章　染色体与基因编辑 ... 55
5.1　分子克隆的介绍 ... 55
5.1.1　概念与发展历程 ... 55
5.1.2　原理与操作流程 ... 57
5.2　分子克隆的应用 ... 57
5.2.1　转基因生物 ... 57
5.2.2　临床治疗 ... 59
5.2.3　挑战与发展 ... 59
5.3　基因编辑技术 ... 60
5.3.1　早期的基因编辑技术 ... 61
5.3.2　锌指核酸酶（ZFNs）技术 ... 61
5.3.3　TALEN 技术 ... 62
5.3.4　CRISPR-Cas9 技术 ... 63
5.3.5　CRISPR 技术最新进展 ... 64
参考文献 ... 68

第 6 章　染色体异常与肿瘤发生 ... 70
6.1　肿瘤染色体揭秘 ... 70
6.1.1　认识肿瘤 ... 70
6.1.2　染色体突变与肿瘤 ... 75
6.1.3　遗传性肿瘤综合征 ... 77
6.2　费城染色体 ... 78
6.2.1　费城染色体与慢性粒细胞白血病 ... 78
6.2.2　血液肿瘤 ... 79
6.2.3　血友病与 X 染色体隐性遗传疾病 ... 81
6.3　肿瘤的基因治疗 ... 82
6.3.1　肿瘤的传统疗法 ... 82
6.3.2　基因治疗发展史 ... 84
6.3.3　肿瘤的基因治疗 ... 85

参考文献 ... 87

第 7 章 染色体与发育 88

7.1 干细胞 88
7.1.1 干细胞的定义 88
7.1.2 干细胞的特点 89
7.1.3 干细胞的分化 89

7.2 常见的干细胞 89
7.2.1 胚胎干细胞 89
7.2.2 间充质干细胞 91
7.2.3 诱导多能干细胞 93

7.3 干细胞的临床应用 94
7.3.1 干细胞疗法 94
7.3.2 干细胞治疗的疾病 95
7.3.3 干细胞疗法在临床的应用 95

7.4 染色体与生物的发育 98
7.4.1 减数分裂 99
7.4.2 减数分裂的不同时期 100
7.4.3 早期胚胎发育中的染色体变化 102
7.4.4 染色体异常与发育缺陷 103

参考文献 104

第 8 章 染色体与免疫治疗 105

8.1 病毒感染与染色体 105
8.1.1 病毒感染 105
8.1.2 基因表达调控 106
8.1.3 基因组稳定性 108
8.1.4 病毒感染与免疫应答 109

8.2 一种特殊的病毒 110

8.3 染色体和免疫 111
8.3.1 V（D）J 重排 111
8.3.2 染色体不稳定性与免疫 113

参考文献 117

第 9 章 染色体与新药研发 118
9.1 新药研发 118
9.1.1 什么是新药研发 118
9.1.2 新药研发的意义 119
9.1.3 新药研发的困难 120
9.1.4 染色体与新药研发 121
9.2 染色体相关新药研发案例 122
9.2.1 沃瑞司他 122
9.2.2 地西他滨 123
9.3 老药新用 124
9.3.1 什么是老药新用 125
9.3.2 早期的老药新用 125
9.3.3 为什么要老药新用 126
9.3.4 染色体生物学与老药新用 126
9.4 老药新用的经典案例 127
9.4.1 二甲双胍 127
9.4.2 阿司匹林 129

参考文献 131

第 1 章

生命起源

1.1 我们从哪里来

"我们从哪里来？"这是一个千年来亘古不变的话题。在遥远的古代，古老的神话传说给予人们一些美好的遐想：盘古开天辟地，劈开了混沌的宇宙，开创了山河大地；女娲塑泥造人创造了人类，使得生命延续；女娲补天恢复自然秩序，建立稳定的自然环境。这些耳熟能详的神话故事给了我们一些生命起源的启示和思考，同时也预示着人类改造自然，战胜自然的决心与魄力。

早在公元前 300 年，战国时期楚国伟大诗人屈原就对人类起源发起疑问，创作了《天问》诗篇。诗人对天地分离、宇宙万物变化以及王朝的兴衰等提出自己的疑问，表现了屈原敢于质疑，勇于追求真理的探索精神。同时期的道家学派代表人物庄子对于生命起源也有自己的理解。庄子在其代表作《逍遥游》中表达了对生命的思考。他以朝菌、蟪蛄等形象来描述人们在不同的环境中所经历的局限和困扰，进而提倡超越这些局限和困扰，追求超脱于世俗之外的境界。他认为生死只是人类局限于个体生命的一种观念，而宇宙万物永恒循环。因此，庄子主张超越生死界限，以坦然的态度面对生死，实现心灵的自由。

人们一直在对宇宙进行探索，明朝时期的万户被誉为"世界航天梦想第一人"，怀着对太空的憧憬，万户利用自制的火箭，完成飞天梦想，不幸的是火箭在空中爆炸了，他也为此献出了自己的生命。然而，他的牺牲为人类向未知宇宙的探索做出了巨大贡献。为了纪念万户，月球上的一座环形山便以他的名字命名。直到 20 世纪 50 年代苏联发射第一颗人造地球卫星时，人类才实现真正意义上的太空探索。

之后，各种各样的太空探测器成功发射升空，进行不同的宇宙探索。从此，太空中也出现越来越多的人类足迹。"东方红一号"的成功发射，标志着我国航天事业进入新纪元，此后我国越来越多的地球卫星以及多个月球探测器和火星探测器成功发射，我国航天事业蒸蒸日上。这些航天飞行器的发射不仅为科学研究和技术发展提供了重要的平台，而且对国家安全和战略需求具有重要意义。

1.2 宇宙起源

从一颗小小的细胞到一个完整的生命体需要经过多少次裂变？地球上第一个细胞又是从哪里来的呢？提到生命的起源，不得不说到宇宙起源，宇宙起源比生命起源更久远，也更复杂。关于宇宙的起源，目前较为接受的是"宇宙大爆炸假说"。20世纪初，比利时天文学家和宇宙学家勒梅特首次提出了宇宙大爆炸假说。根据这个假说，宇宙起源于一个极度炽热、高密度、高能量的奇点，随着时间的推移，奇点经历了一次巨大的爆炸，宇宙开始膨胀并不断扩张至今。在宇宙大爆炸发生后的极短时间内，宇宙开始形成基本粒子，包括质子、中子和电子等。随着时间的推移，这些基本粒子通过引力作用，逐渐聚集形成更大的结构，如原子核、恒星和星系等。这个过程需要数十亿年的时间[1]。尽管宇宙大爆炸假说得到了广泛的支持，但对于宇宙起源的确切机制仍然存在许多未知。科学家们在天文学、粒子物理学和宇宙学等领域进行了大量的研究，以深入探索宇宙的起源和演化。随着科学的发展，我们对宇宙起源的认识将进一步深化。

在浩瀚的星辰大海中，地球是目前已知的唯一存在生命的星球，也是我们赖以生存的家园。太阳系由太阳、行星、卫星、小行星、彗星和其他天体组成。太阳是太阳系的中心天体，也是太阳系中最大的天体。它主要由氢气和氦气等气体组成，并通过核聚变反应产生能量和光。太阳的引力控制并维持着太阳系中其他天体的运动。太阳系中共有八颗行星，按照与太阳的距离可以分为两类：内部行星（类地行星）和外部行星（类木行星）。其中内部行星由内到外分别是水星、金星、地球和火星。这些行星较小且密度较高，由岩石和金属组成，它们围绕太阳运行的轨道相对较近。外部行星由内到外分别是木星、土星、天王星和海王星。这些行星的体积庞大，主要由气体和液体组成，它们距离太阳较远，被称为气体巨型行星。总体来说，太阳系是一个复杂而精密的天体系统，其中的各个成员相互影响并共同演化。

对太阳系的研究对于理解行星形成、生命起源以及宇宙演化等问题具有重要的科学意义。

关于太阳系的起源也有多种假说，其中由德国康德及法国拉普拉斯提出的"康德-拉普拉斯星云说"较为被大众接受。根据康德-拉普拉斯星云说，太阳系的形成始于一个巨大的旋转气体和尘埃星云。这个星云由前一代恒星爆炸产生的物质组成，并且处于旋转中。随着旋转逐渐加速，星云逐渐变平并收缩。由于自转速度增加和星云的压缩，密度高的区域开始形成，即太阳。与此同时，星云中的物质也开始逐渐聚集形成行星。起初，这些行星是由围绕太阳旋转的物质环（原行星环）组成。随着时间的推移，原行星环逐渐凝聚成行星，并继续围绕太阳运动。康德-拉普拉斯星云说认为，太阳系的形成是一个自然而规律的演化过程，没有外部的神秘因素介入。尽管这个理论在18世纪末至19世纪初被广泛接受，但它也存在一些问题。例如，该理论难以解释太阳系行星轨道的倾斜度和不规则性，以及太阳系中一些异常的特征。因此，随着科学的发展，人们提出了更多关于太阳系起源的假设，并进行了进一步的研究来探索太阳系的起源之谜。

自从哥白尼在16世纪提出"日心说"并推翻了传统的"地心说"，人们对于地球起源和天体演化的研究进入了一个全新的阶段。地球的形成大约发生在46亿年前，科学家将其演化历史划分为四大阶段，包括冥古宙、太古宙、元古宙和显生宙。冥古宙（约46亿~39亿年前）：在这个时期，地球正处于形成的初期。根据地球化学和地球物理的研究，科学家认为，地球的核心和地幔开始形成，而地壳则在后续的时期才逐渐形成。太古宙（约39亿~25亿年前）：在太古宙时期，地球经历了激烈的地质活动，包括火山喷发、地震和岩浆的运动。地球上最早的岩石形成和海洋的出现也在这一时期。此外，简单的有机分子也可能在海洋中形成，为生命的起源提供了基础。元古宙（约25亿~5.45亿年前）：元古宙是地球历史上发生了重要事件的时期。在这个时期，地球经历了大规模的板块构造活动和山脉的形成。同时，早期的生命形式开始出现，并逐渐演化为更加复杂的生物。显生宙（约5.45亿年前至今）：显生宙是目前地球上生命最为丰富和多样化的时期。在这个时期，生命的进化经历了许多关键的里程碑，包括植物和动物的出现、陆地生态系统的形成以及恐龙和哺乳动物的兴衰。

冥古宙，也被称为前太古代，是地球形成的最早时期。地球的面貌与现在完全不同，它更像一个巨大、炽热的岩浆球。随着数百万年的过去，地球逐渐冷却，较重的物质沉入地心，而较轻的物质则浮到表面，逐渐形成了地球的分层结构。在这一时期，月球也形成了。目前，关于月球的形成，最广泛接受的理论是大碰撞理论。根据该理论，约46亿年前，地球与一个规模相当于火星大小的天体相撞，导致巨量物质喷发并形成了月球。在地球的引力作用下，月球绕地球旋转。这次碰撞不仅使地球自转轴倾斜，带来了四季的变化，还为地球提供了一道保护屏障，减少了来自太空的陨石撞击的可能性。同时，月球也与地球的潮汐现象密切相关，它的引力引起了海洋潮汐的周期性变化[2]。大约38亿年前，地球温度开始降低。

地球重建后期，开始进入太古宙时期，也是生命起源的时期。如果把地球的历史浓缩为24小时，那么，生命的诞生可能在凌晨3点。关于生命的起源一直是研究的热点领域，最为接受的是"化学起源假说"，由苏联生物化学家奥巴林提出。该假说认为生命是由一系列无机物经过复杂的化学过程演变而来的。其将生命起源划分为四个阶段。第一阶段是从无机物到有机物的转变。地球早期的大气层中含有大量的无机物质，如氨气、甲烷、氢气和水蒸气等。这些物质在闪电、紫外线辐射和其他外部能量的作用下发生一系列的化学反应。特别是甲烷的产生，对于维持地球温度以及参与化学反应至关重要[3]。第二阶段是从有机小分子物质转变成有机大分子物质，这一过程发生在原始海洋中，在某些条件下，小分子物质不断浓缩聚合，形成稳定的大分子物质，如多肽、核酸等。这些大分子具有更高的化学复杂性和功能性。第三阶段是由有机大分子物质转变成多分子体系。多种有机分子可能通过团聚体的形式自发浓缩为液滴，在其内部完成某些复杂的催化反应。最后一个阶段是细胞的诞生。根据"RNA世界假说"，具有自我复制和催化活性的RNA可能是早期生命的关键组成部分，扮演着遗传信息的载体以及反应催化剂的角色。RNA分子具有自我复制的能力，这意味着RNA分子本身可以通过模板复制的方式合成新的RNA分子，从而实现遗传信息的传递和保存。同时，RNA具有催化反应的能力，可以促使特定的化学反应发生。这种催化活性由RNA分子的特殊结构和碱基序列决定，使得RNA可以在早期的生命起源过程中起到催化剂的作用。随着时间的推移，RNA可能逐渐被DNA和蛋白质所取代，形成现代生物中的遗传信息和代谢系统。总的来说，化学起源假说提供了一个框架来解释生命起源的过程。虽然还存在许多未解之谜，但通过实验室的模拟实验和对现有证据的研究，科学家们正在努力深入理解并推动我们对生命起源的认识。

元古宙距今约25亿~5.45亿年，是地球演化史上一个重要的时期，多细胞生物在这个时期诞生。元古宙可以进一步分为三个时代：古元古代（Paleoproterozoic）、中元古代（Mesoproterozoic）和新元古代（Neoproterozoic）。在元古宙，地球经历了许多重大的地质和生物学事件，这些事件塑造了地球的面貌并促进了生命的演化。元古宙见证了超级大陆的形成和破裂。最著名的超级大陆是罗迪尼亚大陆（Rodinia），大约形成于11亿年前[4]。超级大陆的形成和破裂对地球地壳、岩石圈和海洋的演化产生了深远的影响。元古宙是氧气积累的关键时期。最早的光合作用生物开始释放氧气，导致氧化事件的发生。氧气浓度的上升，改变了地球的大气成分，并为后续生命的发展创造了条件。在元古宙，最早的多细胞生物开始出现。这些早期生物通常是微小而简单的海洋生物，如海绵动物和浮游生物。多细胞生物的演化标志着生命复杂性的增加，为日后出现的更复杂的生物奠定了基础。在元古宙晚期，地球经历了重要的冰期事件，被称为"雪球地球假说"。据科学家研究推测，地球可能在7.5亿~6亿年前经历了全球范围的冰川覆盖，导致地球表面几乎完全被冰雪覆盖。元古宙也是地球岩石变质作用的重要时期。在这个时期，许多岩石形成，在地壳板块运动、火山活动和构造变动的作用下，岩石发生了重大变化。元古宙是地球演化史上一个重要的时期，不仅对地球的地质结构、大气成分和生物演化起到了关键作用，还为后续的地球历史发展奠定了基础。

显生宙是地球历史上最近的一个宙代，自5.45亿年前开始，延续至今。在这个宙代中，地球上出现了生物种类的急剧增加和广泛扩张，标志着生物多样性的爆发和进入现代生物进化的阶段。人类的出现和演化也发生在显生宙。显生宙可以分为三个主要时代：古生代（Paleozoic）、中生代（Mesozoic）和新生代（Cenozoic）。

（1）古生代：古生代开始于5.45亿年前，结束于2.51亿年前。这个时代见证了许多生物群体的诞生和迅速发展。早期的古生代，海洋中出现了大量的浮游生物，如三叶虫和腕足动物。随着时间的推移，陆地上逐渐形成了早期的植被，并出现了昆虫、爬行动物和早期四足动物（类似于恐龙）。

（2）中生代：中生代开始于2.51亿年前，结束于6600万年前。这个时代被称为恐龙时代，也是爬行动物在地球上的统治时期。在中生代早期，恐龙迅速发展并占据了陆地和海洋中的许多生态位。与此同时，各种植物和昆虫也在这个时代出现。中生代晚期，一些早期的哺乳动物和鸟类开始出现。

（3）新生代：新生代开始于6600万年前，直到现在。这个时代见证了哺乳动物和鸟类的繁荣，并发生了两个主要的演化事件：第一次哺乳动物的大规模放射性进化，鸟类的起源和多样化。在新生代早期，一些古老物种如始祖鸟和肉食哺乳动物幸存下来。随后，一些灭绝事件（如白垩纪-古近纪灭绝事件）导致恐龙灭绝，为哺乳动物和其他生物的进一步演化提供了机会。新生代晚期，人类的出现和文明的崛起标志着这个时代的繁荣发展。

显生宙是地球历史上一个重要的时期，见证了生命的演化和生物多样性的爆发。从早期的海洋生物到陆地生物的进化，再到恐龙时代和哺乳动物的崛起，这个宙代为地球生命的发展奠定了基础，也为人类的出现和繁荣提供了条件。

1.3　人类诞生

那么人类是什么时候出现的呢？大约 700 万年前的非洲大陆出现了现代人类的祖先——类猿人。类猿人是从类似灵长类动物演化而来的，具备了一些类人特征，但还没有完全进化成现代人类的形态。类猿人出现在地球上的时间跨度非常长，从约 700 万年前到几十万年前不等。这个时期出现了多个物种，其中最著名的是直立猿人属（*Australopithecus*）和早期人属（*Homo*）。直立猿人属在类猿人演化过程中非常重要。最著名的直立猿人属物种是南方直立猿人（*Australopithecus africanus*）和东非直立猿人（*Australopithecus afarensis*）。它们具备了直立行走的能力，但头颅和身体的某些特征仍保留了原始的类人猿特征。早期人属是从直立猿人演化而来的更接近现代人类的类猿人。最著名的早期人属物种包括尼安德特人（*Neanderthals*）和直立人（*Homo erectus*）。这些物种的头颅、骨骼和行为习性显示出与现代人类更接近的特征，如更大的脑容量和使用工具的能力。类猿人的进化过程中，逐渐发展出语言、工具使用、社群生活等特征。他们采用了更复杂的生存方式，开始利用火和制造简单的工具。这些演化过程为后来现代人类的出现铺平了道路。在以色列的一个距今约 79 万年的遗址中发现了被火烧的种子和木头，表明人类至少在 79 万年前就已经掌握了使用火的方法[5]。然而，尽管类猿人在某种程度上已经展现出类似人类的特征，但他们与现代人类之间仍存在一些明显的差异。与现代人类相比，类猿人的智力和文化发展较为有限，缺乏复杂的社会结构和艺术创作等高级认知能力。

现代智人，也被称为解剖学上的现代人类，是指今天地球上存在的唯一一种人类物种。现代智人的起源和演化是人类进化史上一个关键的、令人感兴趣的话题。根据目前的科学研究和考古证据，现代智人的起源可以追溯到 20 万~30 万年前的非洲。根据遗传学和基因组研究，现代智人与早期人类群体之间存在着明显的遗传和基因差异。最早的现代智人化石发现于非洲东部，如埃塞俄比亚和坦桑尼亚等地。这些化石显示出了现代智人特征，如较小的下颌骨、圆形脑壳和高度发达的额叶。逐渐演化成现代智人的过程可能涉及多种因素，包括环境变化、自然选择和人类群体之间的迁移和遗传交流。这个过程中的关键环节可能是技术和文化的发展，如工具使用、语言能力、社会组织等。

1.4 细胞核染色体的发现

现代科学关于细胞的发现最早追溯到 17 世纪。罗伯特·胡克（Robert Hooke）作为英国伟大的科学家和发明家，其传奇一生给后人留下了许多文化瑰宝。他在 1665 年的著作《显微术》中首次描述了对细胞的观察和发现。胡克使用当时新发明的显微镜，观察了各种生物和非生物样品。他观察到了一些薄而透明的植物组织，并发现了由无数的小方格构成的结构。这些方格被他称为"细胞"，这个术语后来被广泛接受并用于描述生物体的基本结构单位。胡克的观察结果揭示了植物组织由大量的细小结构组成，这些结构类似于蜂巢中的蜂房。他还观察了其他生物物质，如动物骨骼和化石，进一步验证了细胞存在的普遍性。然而，需要注意的是，胡克使用的显微镜并不像现代显微镜那样强大和精确，他所看到的细胞只是通过简单的光学放大观察到的。因此，他对细胞的观察主要限于植物细胞，并没有深入研究动物细胞。

荷兰工匠列文虎克（Leeuwenhoek）受《显微术》一书的启发，对胡克的显微镜镜片进行了改进，对微生物进行了细致的观察，他观察到了牙齿上的牙菌斑，也看到血液中的红细胞，被称为微生物学之父。列文虎克用显微镜观察并证明了微生物存在于空气、水和食物中，并且证实它们是疾病的来源。他认为可以通过接种弱毒疫苗产生对疾病的免疫力。列文虎克成功地研制了狂犬病疫苗和炭疽病疫苗，使得这些可怕的疾病可以被预防和治疗。列文虎克的伟大成就不仅对医学和生物学产生了深远影响，也直接促进了公共卫生的改进，使得人类的健康状况得到显著提升。他被公认为现代微生物学的奠基人之一，开辟了许多科学领域的道路，并且对人类社会产生了持久而深远的影响。

罗伯特·布朗（Robert Brown）是 19 世纪英国的一位著名植物学家和生物学家，他被认为是现代细胞学的奠基人之一，对植物学和植物细胞的研究做出了重要贡献。布朗首次观察到了在液体中悬浮的颗粒的随机运动，这种现象后来被称为"布朗运动"。通过观察细小颗粒的不规则扩散，他揭示了分子运动的无规律性，并为原子论提供了实验证据，这对于物理学和化学的发展有重要意义。布朗研究了植物细胞，并在1831年观察到了细胞核的存在并详细描述了其结构。他注意到在植物细胞的细胞壁内，有一个固定的、圆形的结构，这就是后来被称为细胞核的部分。这项发现对于理解细胞的组成和功能起到了关键的作用。

查尔斯·罗伯特·达尔文（Charles Robert Darwin）是19世纪英国的一位著名科学家，被公认为现代生物学的奠基人之一。他以其进化论理论和《物种起源》一书而闻名于世。他通过长期考察动植物的多样性和地理分布，观察到了物种之间的变异和适应性特征。他认为，这些变异经过自然选择的作用，会导致物种的逐渐演化和改变。这一理论在他的《物种起源》中进行了详尽阐述，在当时引起了巨大的争议和重大的科学革命。达尔文提出了自然选择的概念，即根据环境条件和生存竞争，个体的适应性特征将更有可能传递给下一代。他认为，自然选择是逐渐改变物种的主要驱动力，使得物种能够适应不断变化的环境。达尔文的研究表明，所有生物都有共同的祖先。他追溯了生物的演化历史，并提出了生物分类的树状图谱系，将不同物种归类为共同的分支。

细胞学说的建立过程可以追溯到19世纪早期，德国植物学家施莱登开始研究植物的组成结构。他观察到所有植物组织都由细胞组成，并发表了关于植物细胞的论文。他的研究成果为细胞学说的奠基打下了基础。与此同时，德国解剖学家施旺也进行着类似的研究。他观察了动物组织，并得出了类似的结论，即动物体内的结构也是由细胞构成的。细胞学说的建立促进了对细胞结构和功能的深入研究，奠定了现代生物学的基础。它也为细胞生物学、发育生物学、遗传学等领域的进一步研究提供了重要的理论和实践基础。细胞学说的提出与发展对于人们理解生命本质和生物体运作机制起到了重要的推动作用。

既然细胞是动植物的基本结构单元，那么细胞又是如何完成分裂的呢？是否有某些特殊的遗传物质参与呢？19世纪末，弗莱明使用新改进的显微镜技术研究动物细胞。他在观察中注意到了细胞核内的线状结构，并将其称为"染色质"。通过进一步研究，他发现这些染色质在细胞的有丝分裂过程中表现出明显的变化，进一步确定了染色质的重要性。弗莱明对有丝分裂进行了系统的观察和描述，并提出了一套详细的有丝分裂阶段的分类体系。基于对有丝分裂过程的观察，弗莱明提出了细胞分裂的"纺锤体理论"。他认为纺锤体是细胞内起关键作用的结构，通过纺锤体的运动和调控，细胞能够完成准确的染色体分离和细胞分裂过程。这一理论为后来对细胞分裂机制的研究提供了重要的思路和基础。

1.5 总结

从宇宙的起源到人类的进化，再到染色体的发现，本章简述了生命从哪里来的问题。那么人类的未来在哪里呢？尽管人类基因组从宏观来说是相当保守的，但是最近的研究表明，部分基因正在加速进化[6]，这表明人类未来在进化上可能更加多样化。近年来大火的基因编辑技术似乎带来了新的希望。基因编辑技术可以针对特定基因进行精细的修改，使得科学家能够更准确地研究和了解基因功能以及与疾病相关的基因突变。同时还可以用于改良农作物，提高产量、耐病性和抗虫性，从而增加食品供应的稳定性，并减少对农药的依赖。但是基因编辑技术尚处于发展阶段，目前还存在潜在的副作用和风险。未经充分验证和临床实践的基因编辑可能导致意外的基因改变或其他未知的影响。所以在使用基因编辑技术时应该更谨慎，特别是在人体上的应用，因为这种可遗传的染色体改变所带来的后果可能是非常危险的。总的来说，生命起始于一颗小小的受精卵，而受精卵的发育与染色体是密不可分的。那么染色体还有哪些秘密呢？请接着往下看，了解染色体的奥秘可能会对生命起源有一些新的认识。

参考文献

[1] BROMM V, YOSHIDA N, HERNQUIST L, et al. The formation of the first stars and galaxies [J]. Nature, 2009, 459(7243): 49-54.

[2] MUNKER C, PFANDER J A, WEYER S, et al. Evolution of planetary cores and the Earth-Moon system from Nb/Ta systematics [J]. Science, 2003, 301(5629): 84-87.

[3] ERNST L, BARAYEU U, HADELER J, et al. Methane formation driven by light and heat prior to the origin of life and beyond [J]. Nature Communications, 2023, 14(1): 4364.

[4] HANSON R E, CROWLEY J L, BOWRING S A, et al. Coeval large-scale magmatism in the Kalahari and Laurentian cratons during Rodinia assembly [J]. Science, 2004, 304(5674): 1126-1129.

[5] GOREN-INBAR N, ALPERSON N, KISLEV M E, et al. Evidence of hominin control of fire at Gesher Benot Ya'aqov, Israel [J]. Science, 2004, 304(5671): 725-727.

[6] HAWKS J, WANG E T, COCHRAN G M, et al. Recent acceleration of human adaptive evolution [J]. Proceedings of the National Academy of Sciences of the United States of America, 2007, 104(52): 20753-20758.

第 2 章

染色体与双螺旋结构的发现

2.1 染色体的发现

对生命和遗传的探索令人着迷。几个世纪以来，科学家们一直努力揭示生命背后的奥秘，并为我们带来了许多惊人的发现。

当看到地球上茂盛的植被和繁衍的动物时，我们不禁想知道生命的起源之谜。各个民族文化都留下了关于生命的种种神话。然而，真正的科学研究需要通过实证和观察来提供答案。

随着显微镜的发展和细胞学的兴起，科学家们开始深入研究细胞结构和功能。其中，染色体的发现无疑是细胞学史上的重大突破，染色体的存在和作用对于遗传学的发展至关重要。本书将带领读者穿越时空，追溯染色体发现的历史，探索早期学者在观察和理解染色体方面所做出的努力，我们将回顾经典遗传学实验，揭示染色体在遗传信息传递中的关键作用。

通过本书，希望读者能够领略到科学家们为了解生命的奥秘所做出的努力和贡献。愿本书能够激发读者对于科学和生命的好奇心，并为你们带来启发和愉悦！

2.1.1 孟德尔与遗传定律的发现

格雷戈尔·约翰·孟德尔（Gregor Johann Mendel）生于 1822 年 7 月 20 日，是奥地利的一位修道士和植物学家。他因遗传学的开创性贡献而闻名，并被誉为现代遗传学之父。

孟德尔出生在今天的捷克共和国的边境地区。他在年幼时便表现出对自然科学的浓厚兴趣,因此在1843年进入奥地利布鲁恩修道院学习自然科学。在修道院期间,他的导师引导他进行植物学的研究。1851年,孟德尔完成了他的修道师资格考试,并接受了修道院学校的助理教师的职位。1856年,他前往维也纳大学学习自然科学,并在1861年获得硕士学位。正是在这段时间里,孟德尔开始了他著名的豌豆杂交实验。他选择豌豆作为研究对象,是因为豌豆具有许多不同的品种,易于实验操作,并且短时间内可以获得大量的后代。

从1856年到1863年,孟德尔进行了大量的实验,并通过对豌豆性状遗传的观察和统计分析,得出了一系列重要的结论。最重要的两个结论是隔离定律和独立分类定律。

孟德尔的隔离定律指出,生物体存在从父母随机传递给后代的显性和隐性性状。这与当时流行的混合遗传理论相反,该理论认为后代的性状只是"父母"特征的稀释混合。孟德尔还提供了混合遗传的替代方案。他的独立分类定律确定了性状之间相互独立地从亲本传给后代,即一个性状的表现不受其他性状的影响。孟德尔还提出了遗传的基本统计规律,尤其是在大量实验数据中,他观察到了一些性状的比例分布模式。这成为后来遗传学的重要基石之一。

然而,孟德尔的研究结果并没有得到广泛的关注和认可。1865年他在布鲁恩自然科学学会上报告了他的发现,但他的报告并没有引起太多关注。人们普遍认为,他只是证明了已知的事实,即杂交种最终会恢复到原始形式。

直到1900年,孟德尔的遗传学理论才被学术界重新发现并得到赞赏。当时,著名的遗传学家和博物学家卡尔·科尔内(Karl Correns)、埃里希·冯·特斯纳(Erich von Tschermak)和雨果·德·弗里斯(Hugo de Vries)独立地重复了孟德尔的实验,并得出了相同的结论。这才使得孟德尔的工作成为现代遗传学的基石。

1868年,孟德尔成为他在过去14年里一直任教学校的负责人,由此产生的行政职责和视力逐渐下降使他无法继续从事科学工作。

孟德尔于1884年1月6日去世,享年62岁。他被安葬在修道院的墓地里,他的葬礼参加人数众多。孟德尔留下的一批研究材料和研究报告,表明他是一位杰出的科学家。尽管在当时他并未获得广泛认可,但他的工作对于后来的遗传学研究产生了深远的影响,他也被广泛认为是现代生物学的奠基人之一。

2.1.2 生命大分子

1869年，瑞士科学家约翰·弗里德里希·米歇尔（Johann Friedrich Miescher）在德国蒂宾根大学进行研究时，偶然发现了一种他不熟悉的物质"核蛋白"，这其实就包含了生命的分子基础——DNA。

米歇尔从一家诊所的脓液中获取白细胞，并用盐水进行了稀释，来了解白细胞的构成。当他向白细胞溶液中加入酸时，一种新的物质从溶液中分离出来。然后，向溶液中加入碱时，该物质被溶解。在研究这种物质时，他认识到它具有与蛋白质不同的性质。由于其存在于细胞核中，因此米歇尔称这种神秘的物质为"核蛋白"。

米歇尔深信"核蛋白"对生命的重要性，并揭示了核蛋白的真实功能。他没有及时向科学界报告他的发现。在1874年发表结果之前，他仅在给朋友的私人信件中讨论了他的发现。

多年来，科学家们一直认为蛋白质是拥有我们所有遗传物质的分子。他们认为，"核蛋白"不够复杂，不足以包含构成基因组所需的所有信息。因此，几十年后，米歇尔的发现才被科学界接受。

2.1.3 两类核酸的发现

科塞尔（Karl Martin Leonard Albrecht Kossel）是德国生物化学家，他于1879年开始研究这种叫作"核蛋白"的物质，并揭示了其组成。科塞尔研究发现，"核蛋白"由蛋白质部分和非蛋白质部分组成。随后，德国生物化学家霍佩塞勒（Ernst Felix Immanuel Hoppe-Seyler）对其中的非蛋白质部分进行探索，并将其命名为"核酸"。在核酸的分解过程中，科塞尔又发现了嘌呤和嘧啶两类含氮化合物。此外，他还发现细胞中富含组氨酸的蛋白质。最终，科塞尔的研究奠定了核酸在遗传学和生物学领域的重要地位。他的工作为后来对核酸更深入的研究和理解提供了基础，最终在1929年确定了核酸的两种类型，即脱氧核糖核酸（DNA）和核糖核酸（RNA）。

2.1.4 核酸的基本构成

科塞尔及其学生琼斯（Albrecht Kossel）和列文（Phoebus Levene）共同研究了核酸的基本化学结构。他们发现核酸由众多的核苷酸组成，这些核苷酸由碱基、核糖和磷酸构成。科塞尔在研究过程中成功分离了两种不同的嘌呤：腺嘌呤和鸟嘌呤，以及三种不同的嘧啶：胸腺嘧啶（最早被分离出来的）、胞嘧啶和尿嘧啶。随后的研究进一步证实，碱基共有四种类型，包括腺嘌呤、鸟嘌呤、胸腺嘧啶和胞嘧啶。而核糖有两种形式，分别是核糖和脱氧核糖。基于他对蛋白质和核酸研究做出的重要贡献，科塞尔于 1910 年荣获诺贝尔生理学或医学奖。

2.1.5 遗传物质是 DNA 而非蛋白质

由于当时的技术限制，关于遗传物质的本质和作用，科学家们存在一定的争议和困惑。他们无法直接观察分子水平的遗传过程，因此对 DNA 和蛋白质的作用和功能认识不够清晰。一方面，一些科学家认为蛋白质在细胞中种类丰富，结构复杂，具有多种功能，更有可能是传递和储存遗传信息的分子。他们将 DNA 视为一种相对简单的分子，认为其作用可能只是辅助细胞代谢和生命维持。另一方面，也有科学家认为 DNA 的巨大分子数量和存在于细胞核中的位置意味着它承担着更为重要的遗传功能。他们怀疑 DNA 与蛋白质之间存在某种关联，可能是 DNA 承载了遗传信息，而蛋白质则执行这些信息的指令。

为了确定 DNA 是否是遗传物质，科学家们进行了一系列重要实验。

（1）基因突变实验（1930 年）：赫尔曼·约瑟夫·穆勒（Hermann Joseph Muller）的基因突变实验揭示了 X 射线诱导的基因突变，进一步证明了 DNA 的重要性，因为这些突变影响了遗传特征。

（2）体内转化实验（1931 年）：弗雷德里克·格里菲斯（Frederick Griffith）的实验显示，一种无害菌株可以通过与致病菌株接触，获得致病性。这暗示着遗传物质可以从一种细胞传递到另一种细胞，进而启发了对 DNA 传递遗传信息的猜测。在格里菲斯的实验中，他使用了两种不同的肺炎球菌菌株，一种是致病菌株（具有多糖衣，可以导致小鼠患上肺炎），另一种是无害菌株（没有多糖衣，不会导致疾病）。他发现，将致病菌株的细胞提取物与无害菌株接触后，无害菌株表现出了与致病菌株相似的特征，而且这些无害菌株获得了引起疾病的能力。

（3）病毒转化实验（1944 年）：奥斯瓦尔德·西奥多·艾弗里（Oswald Theodore Avery）等人的实验通过研究肺炎链球菌病毒，确定了 DNA 是携带遗传信息的分子。他们发现，通过分离病毒的成分，只有含有 DNA 的部分才能引起细菌的转化。在 20 世纪 40 年代初，艾弗里和麦卡蒂专注于肺炎球菌转化现象，其中 R 型（非毒力）

肺炎球菌在杀死 S 型细菌后转变为毒力 S 型，被添加到培养物中。改变的细菌在毒力和类型上与杀死的细菌相同，并且这些变化是永久性的和可遗传的。利用麦克劳德制备技术的精制版本，艾弗里和麦卡蒂很快从肺炎球菌样本中分离出活性"转化物质"，并发现该物质是脱氧核糖核酸。1944 年，艾弗里、麦克劳德和麦卡蒂在《实验医学杂志》上发表了他们的发现。

（4）半合成 DNA 实验（1952 年）：玛莎·蔡斯（Matha Chase）和阿尔布莱德·赫尔希（Alfred Hershey）使用病毒的 DNA 标记实验，进一步证明了病毒的遗传信息是通过 DNA 传递的，而不是蛋白质。

这些实验结果最终确立了 DNA 作为遗传物质的地位，为后来的遗传学和分子生物学的发展奠定了坚实的基础。

2.1.6 染色体的发现

19 世纪中叶，解剖学家瓦尔特·弗莱明（Walther Flemming）在研究细胞分裂时，观察到细胞核中存在一种易被碱性染料染色的纤维结构，他将这种结构称为"染色质"。通过观察染色质，弗莱明测算出染色体在细胞分裂过程中是如何分离的，将其称为"有丝分裂"。这一发现为细胞内的一个重要结构奠定了基础，并且为后续的细胞遗传学和分子遗传学的研究提供了重要线索。随后在 1888 年，德国解剖学家威廉·冯·瓦尔德耶（Wilhem von Waldeyer）对弗莱明的研究进行了更深入的探索，并将这种染色质正式命名为"染色体"。染色体的命名标志着科学家们对这一细胞结构的认知更加准确和深入。

在初步了解染色体结构后，科学家对于染色体的遗传理论进行了探索。沃尔特·萨顿（Walter Sutton）和西奥多·博韦里（Theodor Boveri）提出了新的观点，即从父代传给子代的遗传物质在染色体内。他们的工作帮助解释了孟德尔在一个多世纪前观察到的现象。沃尔特·萨顿和西奥多·博韦里实际上是在 20 世纪初独立工作的。沃尔特研究了蚱蜢染色体，而西奥多研究了蛔虫胚胎。然而，他们的工作与其他几位科学家的发现完美地结合在一起，形成了染色体遗传理论。

基于瓦尔特·弗莱明对染色质的发现，德国胚胎学家西奥多·博韦里提供了第一个证据，证明卵子和精子细胞内的染色体与遗传特征有关。通过对蛔虫胚胎的研究，他还发现，与其他体细胞相比，卵子和精子细胞中的染色体数量较少。

美国毕业生沃尔特·萨顿通过对蚱蜢的研究扩展了西奥多的观察。他在蚱蜢的睾丸中观察到正在经历减数分裂的单个染色体,由此,他正确地识别了性染色体。在他 1902 年论文的结束语中,他总结了基于以下原则的染色体遗传理论:

(1)染色体含有遗传物质;

(2)染色体从亲本传给后代;

(3)染色体成对存在于大多数细胞的细胞核中(在减数分裂期间,这些染色体对分离形成子细胞);

(4)在雄性和雌性的精子和卵细胞形成过程中,染色体分别分离;

(5)每个父母为其后代贡献一组染色体。

2.1.7 摩尔根与果蝇

在 1910 年的一天,摩尔根通过手持显微镜仔细观察了一只雄性果蝇,并发现它的眼睛存在异常。与野生型黑腹果蝇的红色眼睛不同,这只果蝇的眼睛是白色的。摩尔根对性状在生物体发育中的遗传和分布特别感兴趣,他想知道是什么原因导致这只果蝇的眼睛产生变异。摩尔根在哥伦比亚大学的果蝇实验室培育果蝇,观察了连续几代果蝇的遗传性状,以便更深入地了解白眼的遗传信息。通过培育分析,摩尔根意外地证实了染色体理论,并成为第一个将特定性状的遗传与特定染色体明确联系起来的人。

摩尔根进行了一系列的实验来验证白眼性状的遗传规律。首先,他进行了白眼雄性果蝇和红眼雌性果蝇的杂交,在 F1 代中得到的全是红眼果蝇,但他怀疑白眼性状仍然存在,只是在这个杂交代中未得到表达,类似于隐性性状。为了验证这一想法,摩尔根随后杂交了 F1 代的果蝇,结果在 F2 代中观察到红眼与白眼的比例为 3∶1,这与孟德尔的隐性性状培育实验结果非常相似。然而,摩尔根发现所有的白眼 F2 代果蝇都是雄性,没有一个白眼雌性。由于以前从未观察到性状与性别相关,摩尔根认为这一现象非常奇怪。

摩尔根进一步研究了为什么白眼性状仅限于雄性果蝇的问题。他考虑了几种可能的解释,包括白眼雌性可能在发育早期死亡或者没有孵化出来。为验证这一假设,摩尔根进行了一次交叉测试,结果却出乎意料地产生了红眼雌性与白眼雌性数量相当的后代,与他的预测不符。基于这些结果,摩尔根得出了三个重要结论,这些结论为染色体遗传学奠定了基础:

(1)白眼雌性的出现表明,这种特征在雌性中并不致命;

（2）白眼和性别的所有组合都是可能的；

（3）当 F1 雌性与白眼雄性杂交时，白眼特征可以遗传给雌性。

那么，为什么白眼性状会在原来的 F1 × F1 交叉测试中只遗传给雄性呢？摩尔根得知，内蒂·史蒂文斯和 E.B. 威尔逊正在进行的工作表明性别决定与"附属染色体"的遗传有关，后来被称为"X 染色体"。摩尔根进一步认识到，果蝇中决定性别的染色体的遗传似乎与白眼表型的遗传密切相关。由此，摩尔根得出结论——白眼特征遵循性染色体遗传的模式。事实上，在观察了减数分裂并将其与不同性别后代的染色体计数相关联之后，细胞学家沃尔特·萨顿、内蒂·史蒂文斯和 E.B. 威尔逊都提出了性别是通过染色体的遗传决定的。然而，摩尔根长期以来一直抵制基因存在于染色体上的观点，因为他不认同通过被动观察获得的科学数据。此外，孟德尔之前的科学家认为性状不能在杂交生物体中演变成新形式，但是摩尔根不相信。摩尔根确信，威尔逊和其他推广染色体遗传理论的研究人员正在寻找一个简单的答案，即配子形成中独立分离是如何发生的，因为他相信他们在面对令人兴奋的发现时忽略了反面的证据。摩尔根认为基因存在于染色体上的观点充其量只是一个假设，旨在将染色体的神秘遗传路径和不连续的遗传模式联系起来。摩尔根在一本书中表达了他的不满，他呼吁要采用更具实验性的方法来解释遗传因素。

有趣的是，在公开批评染色体理论的一年内，摩尔根开始使用果蝇测试遗传染色体因子。由于摩尔根对测试假设的实验特别感兴趣，因此他转向了飞行系统，以在短时间内最大化数据采集。在进行了大量交叉测试之后，摩尔根被他自己的实验结果说服，即性状实际上可以用与性染色体遗传相同的方式传递。在接下来的几十年里，摩尔根培养了一大批有成就的学生。由于发现染色体在遗传学中的作用，摩尔根在 1933 年获得了诺贝尔奖。

2.1.8　基因与遗传

1. 什么是基因

基因作为生物体内遗传信息的基本单位，位于染色体上，由一个或多个 DNA 序列组成，约翰森（Johannsen）是最早提出"基因"一词的学者，他对遗传学的贡献使这个术语成为现代生物学中不可或缺的概念。这些基因承载着生物体遗传特征的重要信息，在细胞中编码蛋白质或功能性 RNA 的合成过程中发挥着关键作用。

基因是核酸（DNA 或 RNA）分子中的特定核苷酸序列，这些核苷酸按照特定的排列顺序组合。这种排列决定了特定蛋白质的合成方式，或者在某些非编码 RNA 中，决定了其功能和调控机制。

基因的信息传递涉及两个主要步骤：转录和翻译。在转录过程中，DNA 序列被复制成 RNA 分子，生成信使 RNA（mRNA）。随后，在翻译过程中，mRNA 被解读并翻译成具体的氨基酸序列，从而合成蛋白质。除了决定生物体的遗传特征，基因还在细胞的发育、功能和代谢等过程中发挥着关键作用。基因的变异和突变可能导致生物体遗传特征的多样性，从而推动进化并使生物能够适应不断变化的环境。

2. 基因和遗传的关系

基因是与遗传紧密相关的概念，它是生物体内遗传信息的基本单位。基因位于 DNA 分子中，是特定核苷酸序列的总称，携带并传递着遗传信息，同时控制着生物性状的表现。基因是由一系列核苷酸按照特定的次序排列而成，这些序列编码了合成蛋白质或功能性 RNA 所需的信息，因此决定了生物体的特征和功能。

遗传则是指生物体将遗传信息从父代传递到子代的过程。遗传信息是通过基因在细胞分裂和生殖过程中的传递而实现的。当生物体进行繁殖时，其基因会以遗传的方式传递给下一代，从而确保子代继承了一定的遗传特征。因此，基因和遗传之间的关系可以概括为：基因是承载和表现遗传信息的结构单元。通过细胞分裂和生殖过程中的遗传，生物体的特征得以传承和显现。这种遗传信息的传递对生物的多样性和进化起着至关重要的作用。基因作为遗传信息的基本单位，对于生物体的形态、功能和适应性具有重要影响，也是现代生物学和遗传学研究的核心。

3. 遗传的秘密

案例 1：三花猫的秘密

三花猫是指具有三种颜色斑块的猫，通常由白色、黑色和橘色（或黄色）组成。这些颜色斑块可以在猫的身体各个部位形成独特的花纹。由于其独特的体色组合，在许多地方三花猫也被称为"镶白猫"。然而，三花猫的体色分布并非随机，而是由基因控制的。这个基因位于 X 染色体上，通常被称为"三色基因"。

三色基因的遗传方式与 X 染色体相关，因此只有雌性猫（XX）能够携带两个这样的基因副本，从而呈现出三花猫的体色。然而，雄性猫（XY）只有一个 X 染色体，因此只有一个三色基因，不能表现为三花猫的体色。这种基因的遗传模式导致三花猫主要出现在雌性猫中。在不同的地区和文化中，三花猫可能会被称为不同的名字，如在日本被称为"Mi-Ke"（三毛），被认为是幸运和吉祥的象征。其多样的体色和独特的花纹使得三花猫备受喜爱，成为许多家庭的宠物。

案例2：脱发的秘密

脱发是与毛发脱落有关的特征，涉及一系列脱发基因，包括促进毛发生长的基因和抑制毛发生长的基因。在近年的研究中，科学家发现脱发与遗传密切相关。尤其在20世纪末，日本的科学家发现，有不少年轻男性在没有家族脱发史的情况下也面临脱发问题。这表明脱发基因可能存在于每个人的基因中，只需适当的条件便会触发。此外，也有研究指出，人类的基因可能一直在向着退化头顶毛发的方向演变。

遗传与家族脱发在男女性别间有不同的表现，具体规律如下：

AA型男性：此类型的男性携带两个脱发基因，会表现出明显的秃头。如果其配偶也是AA型，他们的儿子会继承两个脱发基因，表现出秃头；他们的女儿也会携带两个脱发基因，出现部分秃头。

AA型女性：此类型的女性携带两个脱发基因，尽管不像男性那样出现明显秃头，但头发会变得稀疏，出现部分的秃头。她们的孩子都会继承一个脱发基因。

AB型的男性：此类型的男性携带一个脱发基因和一个正常头发的基因。他们的孩子有一半的概率携带脱发基因，有一半的概率不携带。

AB型的女性：此类型的女性携带一个脱发基因和一个正常头发的基因。她们的孩子有一半的概率携带脱发基因，有一半的概率不携带。

BB型的男性：此类型的男性携带两个正常头发的基因，不会表现出秃头。如果他的配偶也是BB型，则他的孩子不会携带脱发基因。

BB型的女性：此类型的女性携带两个正常头发的基因，不会表现出秃头。如果她的配偶也是BB型，则她的孩子不会携带脱发基因。

在这个遗传规律中，男性只要携带一个脱发基因，就可能出现秃头，而女性需要携带两个脱发基因才会出现秃头。即使女性携带两个脱发基因，也通常表现为毛发稀疏，而不是明显的秃头。这些遗传规律帮助我们理解脱发的遗传性质，并为预防和治疗脱发提供了一定的参考。

4. 遗传与疾病

1902年，阿奇博尔德·爱德华·加罗德爵士（Sir Archibald Edward Garrod）将孟德尔的理论与人类疾病联系起来，他发表了关于人类隐性遗传研究的首个成果。

加罗德为我们理解由体内化学途径错误引起的遗传性疾病打开了大门。

阿奇博尔德·加罗德的父亲阿尔弗雷德·巴林·加罗德也是一位医生，他研究了类风湿关节炎。虽然加罗德的父亲最初打算让他学习商业，但他的老师鼓励他进入科学和医学领域。随后加罗德进入牛津大学学习医学，并成为一名医生。

加罗德研究了人类疾病黑酸尿症。他从病人那里收集了家族史信息以及尿液。根据与孟德尔倡导者威廉·贝特森的讨论，加罗德推断黑酸尿症是一种隐性遗传疾病。1902 年，加罗德出版了一本名为《黑酸尿症的发病率：化学个体性研究》的书，这是第一个关于人类隐性遗传病例的文献记录。

加罗德也是第一个提出疾病是"先天性代谢缺陷"的人。他认为疾病是身体内化学反应出现停止或错误步骤的结果。1923 年，他对苯丙酮尿症、胱氨酸尿症、酮二戊尿症和白化病的研究以《先天性代谢缺陷》一书的形式出版。加罗德将生化作用归因于基因，并奠定了遗传的分子基础学说。

2.2 双螺旋结构的发现

1953 年是遗传学历史上的里程碑，具有重大历史意义，标志着人类进入了分子生物学的全新时代，见证了人类对遗传物质本质和传递方式的深刻认识，为揭示生命奥秘迈出了关键一步。特别是在 1953 年 4 月 25 日，科学家沃森和克里克发表了论文《核酸的分子结构——DNA 的结构》，详细阐述了 DNA 的双螺旋结构，这个发现开创了分子生物学时代的新纪元，彻底解决了关于遗传物质的争论。生命的复杂性和神秘性激发了人们对探索其中奥秘的渴望，而随着时代的进步，人类对遗传物质的了解也逐渐深化。

回顾历史，我们不禁赞叹那些卓越的科学家，他们超越了时代的局限，孟德尔是其中一个典型。尽管在他所处的时代，人们对于遗传物质的本质一无所知，但他凭借自己的天赋和勤奋，提出了基因分离定律和基因自由组合定律，为遗传学的发展奠定了基础。然而，他的贡献在当时并未得到应有的认可，直到分子生物学时代的到来，人们才开始认识到他的伟大成就。本章将继续追溯证明 DNA 为遗传物质的关键实验历程，深入探索这个伟大时代的思想和科学进步，向读者展现一个光辉而壮丽的科学历程。通过了解这些伟大科学家的探索和思考，我们或许可以汲取灵感，继续推动科学的前进，不断揭示生命的更多奥秘。

2.2.1　DNA 双螺旋结构的三派之争

DNA 双螺旋结构的三派之争是指在 20 世纪 50 年代初期，四位科学家关于 DNA 分子结构的争议。这四位科学家分别是詹姆斯·沃森（James Watson）、弗朗西斯·克里克（Francis Crick）、罗莎琳·富兰克林（Rosalind Franklin）和莫里斯·威尔金斯（Maurice Wilkins）。

詹姆斯·沃森和弗朗西斯·克里克的 DNA 双螺旋结构的提出是分子生物学历史上的一个重大里程碑。在 20 世纪 50 年代初期，科学家们对 DNA 的结构和功能一直存在着许多不确定性和争议。当时，一些科学家认为 DNA 只是一种简单的生物分子，无法携带复杂的遗传信息，而更倾向于相信蛋白质才是真正的遗传物质。然而，詹姆斯·沃森和弗朗西斯·克里克有着不同的看法，并决心揭示 DNA 的真正结构。他们深入研究了伦敦国王学院的罗莎琳·富兰克林的 X 射线衍射图像和莫里斯·威尔金斯的研究数据，从中获取了重要的线索。最终，他们提出了一个大胆的假设：DNA 是由两条螺旋键形成的双螺旋结构。

沃森和克里克的理论表明，DNA 由两条互相缠绕的螺旋链组成，每条螺旋链由糖和磷酸分子交替连接。而两条螺旋链之间的连接是由碱基配对形成的，腺嘌呤（A）与胸腺嘧啶（T）之间形成两个氢键，而鸟嘌呤（G）与胞嘧啶（C）之间形成 3 个氢键。这种碱基配对是 DNA 复制和遗传信息传递的基础。1953 年，沃森和克里克在《自然》杂志上发表了题为《核酸的分子结构——DNA 的结构》的文章，阐述了 DNA 双螺旋结构。这一发现在当时引起了轰动，被公认为解决了 DNA 结构之谜。他们的理论对后来的分子生物学和遗传学研究产生了深远影响，被誉为 20 世纪最伟大的科学发现之一。

罗莎琳·富兰克林是一位杰出的物理化学家和晶体学家，生于 1920 年，逝于 1958 年。她出生在英国伦敦，后来在伦敦大学学院（University College London）学习和研究。她的晶体学研究成果为解开 DNA 结构之谜做出了重要贡献。富兰克林对 X 射线衍射技术有着深厚的理论和实验基础。她在国王学院期间，利用 X 射线衍射技术研究了 DNA 的晶体结构。通过将 DNA 样品制成纤维状晶体，她得到了高质量的 X 射线衍射图像。

富兰克林的研究揭示了 DNA 分子的纤维素结构和碱基之间的空间排列。她的实验数据显示出 DNA 纤维的 X 射线衍射图样有两种形式，即 A 型和 B 型。其中 B 型的图样对应较为紧密的 DNA 结构，为后来的 DNA 双螺旋结构提供了重要线索。

1952年，富兰克林将她的研究成果发表在《自然》杂志上，但她的论文没有详细阐述DNA的双螺旋结构，而更多地集中在晶体学和碱基排列方面。在此期间，沃森和克里克在没有得到她许可的情况下，通过一些非正当的手段获得了她的研究数据和照片。这导致了后来富兰克林与沃森和克里克之间的合作出现争议。

莫里斯·威尔金斯是一位物理学家和生物学家，生于1916年，逝于2004年。他是英国国王学院（King's College London）的一名研究员，在罗莎琳·富兰克林的研究小组中工作。他和罗莎琳·富兰克林之间存在合作关系，但在合作过程中也存在一些不和谐和冲突。威尔金斯在伦敦国王学院的研究主要集中在X射线衍射技术方面，他利用这一技术研究生物大分子的结构。他对DNA的晶体结构也进行了研究，试图解析DNA的结构。然而，他和富兰克林之间的合作并不顺利，存在一些沟通和合作上的问题。特别是在研究期间，威尔金斯未经富兰克林同意，擅自向沃森和克里克展示了富兰克林的X射线照片，这些照片成为沃森和克里克构建DNA双螺旋结构的重要线索。

1953年，沃森和克里克发表了关于DNA双螺旋结构的重要论文，提出了DNA结构的第一个正确模型。这一发现被广泛接受，沃森、克里克和威尔金斯因此共同获得了1962年的诺贝尔生理学或医学奖，以表彰他们对DNA结构的贡献。

2.2.2 发现DNA双螺旋结构的意义

DNA双螺旋结构的发现具有深远的意义。这一重要发现为遗传学和分子生物学奠定了坚实的基础。DNA双螺旋结构的解析揭示了DNA是生物体内遗传信息的携带者，是基因的载体，为遗传物质的复制和传递提供了理论基础。此外，它还启示了生物体内的遗传信息是以一种特定的方式编码和传递的，为后续的基因工程和生物技术的发展提供了重要指导。DNA双螺旋结构的发现被誉为20世纪最重要的科学突破之一，对生命科学和医学领域的发展产生了深远的影响。

此外，DNA双螺旋结构的发现也为后续的基因工程和生物技术的发展提供了重要的指导。科学家们可以利用这一结构了解和操纵基因，开展基因编辑、基因治疗等研究，有望为人类健康带来革命性的突破。

1953年，詹姆斯·沃森和弗朗西斯·克里克发表了关于DNA分子结构的重要论文，正式揭示了DNA的双螺旋结构。DNA双螺旋结构的发现是分子生物学历史上的里程碑事件，在人类对遗传物质的本质和传递方式的探索上迈出了关键一步。DNA双螺旋结构的发现不仅为遗传学和分子生物学领域奠定了坚实的基础，还启发了人类对生命本质更深刻的认识，为揭开生命奥秘的面纱开辟了全新的道路。这一重大发现将持续影响着科学研究和生物医学的发展。

第3章

染色体三维结构

3.1 染色体的化学组成与结构

染色体的发现离不开细胞生物学家们的共同努力。19世纪中叶，随着显微镜技术的进步，科学家们开始研究细胞的结构。1850年，德国科学家卡尔·雷门（Karl Wilhelm von Nägeli）首次提出了细胞核的概念，但当时人类对细胞核的认知少之又少，细胞核的结构和具体功能还未了解。1879年，德国生物学家威廉·弗莱明（Wilhelm Flemming）以各种动植物细胞作为研究样本，挑选了其中便于使用显微镜观察——特别是那些正在进行分裂的细胞，来观察细胞分裂中细胞核内的变化。他将细胞核中丝状和粒状的物质用染料染色，发现这些物质呈松散的状态分布在细胞核中，当细胞分裂开始时，松散的染色物质逐渐浓缩，形成了一定数目和形状的条状物；在细胞分裂的过程中，这些条状结构的数目和位置都有规律性的改变；当细胞分裂结束时，条状物又疏松散开为松散状。由于这种物质处于高度浓缩的状态时极易被碱性染料（如甲基紫和醋酸洋红）染色，因而得名"染色质"。1888年，德国细胞学家海因里希·怀廷格（Heinrich Wilhelm Gottfried von Waldeyer-Hartz）提出用"染色体"（chromosome）来命名细胞核内染色物质的结构。他的研究还发现，不同物种细胞核中染色体的数量不同，例如人类细胞核中有46条染色体，该结果成为后来人类基因组的研究基础。

染色质（chromatin）是指处于间期细胞的细胞核内由DNA、组蛋白、非组蛋白及少量RNA组成的线性复合结构，是间期细胞遗传物质的存在形式[1]。接下来，细胞在进行有丝分裂或减数分裂时，染色质聚缩成棒状结构，此时这个结构被称为染色体，是该时期细胞核内 DNA 存在的特定形式[2]。也就是说，染色质和染色体是不同细胞状态下遗传物质存在的不同形式，这两种形式在一定条件下可以互相转变。每条染色体上都存在一个名叫着丝粒的特殊区域，着丝粒通常位于染色体的中央区域，并且在染色体的结构和形态上具有一定的特征。它通常较为紧密，可以通过特殊的染色技术在显微镜下观察到。着丝粒的主要功能是在细胞分裂过程中，帮助确保染色体的正确分离。着丝粒能够连接染色体复制后形成的两个姐妹染色单体，保持染色体结构的稳定。在此基础上，着丝粒又将姐妹染色单体分成"长臂"和"短臂"，长臂也称为"q 臂"，短臂也称为"p 臂"。根据不同染色体上着丝粒的不同位置，可将细胞中期染色体按形状划分为四种：中着丝粒染色体、亚中着丝粒染色体、亚端着丝粒染色体和端着丝粒染色体[1]。

细胞核是细胞遗传和代谢的调控中心，染色体是调控中心的"神经中枢"，是细胞核内的重中之重，因为包括细胞生长、增殖、衰老和死亡在内的各项细胞活动都是由基因控制的，而包含基因信息的 DNA 是以染色体（质）的形式存在于细胞核内的。了解染色体能够帮助我们更好地理解与基因组直接相关的细胞活动，包括 DNA 复制、损伤和修复，基因的转录，同源重组和基因的表观遗传调控等。

3.1.1 染色体的化学组成

染色体的化学组分主要包括三种，分别是 DNA、蛋白质和少量的 RNA[1]。

1. DNA

真核生物、原核生物和 DNA 病毒都是以 DNA 作为其遗传物质。原核细胞中无核膜包被的细胞核和染色体，它们的遗传物质是一个大型环状 DNA，集中在核区。而真核生物的染色体无论在结构上还是功能上都相对复杂很多。在真核细胞中，遗传信息主要储存在染色体 DNA 中。在未进行复制时，每条染色体包含一条极长的 DNA 分子。每个细胞内不同染色体包含的 DNA 组成了该生物的基因组（genome）。人类染色体上的 DNA 总长度大约为 3 亿个碱基对，由 46 条染色体中的 DNA 组成。通过染色体的结构和组织方式，细胞可以保护和维持染色体的完整性，以确保遗传信息的传递和稳定性。

2. 蛋白质

染色体中除了包含遗传信息的 DNA，另一重要组成部分就是染色体蛋白质。这些蛋白质能够与染色体 DNA 进行结合，帮助 DNA 进行遗传信息的表达，包括 DNA 复制、转录等。这些蛋白在功能上又可划分为两种：组蛋白和非组蛋白。

组蛋白（histone）是生物染色体的基本结构蛋白，富含 Arg 和 Lys 等碱性氨基酸，呈碱性，易与酸性的 DNA 结合并维持染色质结构，与 DNA 含量呈一定的比例。组蛋白从功能和结构上分为两组：组蛋白 H1 和组蛋白八聚体。每个组蛋白八聚体包括两个 H2A、H2B、H3 和 H4，在进化上相对保守；H1 蛋白球心处的氨基酸序列也比较保守，但 N 端和 C 端的氨基酸在不同种属和组织中存在区别。组蛋白的特点之一是与 DNA 结合但没有序列特异性。

非组蛋白（nonhistone）又称序列特异性 DNA 结合蛋白，与没有序列特异性的组蛋白不同，非组蛋白可以与特异性 DNA 序列相结合。常见的非组蛋白包括核酸代谢酶、核酸修饰酶、细胞骨架蛋白和基因表达调控蛋白等。非组蛋白和 DNA 的结合位点主要由 DNA 自身序列决定，识别位点位于 DNA 的大沟部分。不同细胞中的非组蛋白种类和功能都有所不同，在不同的基因组之间，这些蛋白能够识别并结合的 DNA 序列是保守的。

3. 少量的 RNA

少量的 RNA 主要起到参与维持染色体（质）结构的作用。

3.1.2 染色体的结构

人的每个体细胞含有约 6×10^9 bp DNA，这些 DNA 全部展开的长度约为 2 m，每个染色体（质）所包含 DNA 分子的长度也有 5 cm 左右。那么包含了大量遗传信息的染色质，是如何存在于微米级的细胞核内的呢？答案就是染色质通过盘旋曲折形成高级结构，有效利用了细胞核内微小的空间来存储遗传信息。通过盘旋和交织，DNA 分子被有效地压缩和组织成更紧凑的结构。染色质的基本单位是核小体，它由蛋白质组成的核小体颗粒与 DNA 缠绕而成。多个核小体通过 DNA 间的连续纤维相互联系，形成一种被称为"螺旋核小体纤维"的结构。这些螺旋核小体纤维会进一步组织成更高级的结构。这些结构可以通过折叠、缠绕的方式进一步盘旋和交织，形成染色质的复杂结构。每个染色质在细胞核内独立存在，同时与其他染色质以及核膜和其他核组分相互作用。

这种复杂的染色质结构为细胞内的基因表达、DNA 复制和细胞分裂等过程提供了必要的三维空间约束和有序性。它不仅有利于维护基因组的完整性和稳定性，还为基因的调控和功能的实现提供了合适的环境。因此，通过染色质的高级结构，细胞核内的微小空间可以用来存储大量的遗传信息，为细胞内各种关键生物学过程提供了必要的框架。染色质的基本结构有以下几种：

染色质的一级结构：直径约为 10 nm、高约为 6 nm 的扁圆柱体状核小体是染色质的基本结构单位。

染色质的二级结构：在组蛋白 H1 存在的情况下，由核小体串珠结构盘旋缠绕形成的螺线管是染色质组装的二级结构，每圈螺旋由 6 个核小体组成。

染色质的三级结构：螺线管在更高维度进行螺旋缠绕形成的超螺线管是染色质的三级结构，直径 0.4 μm，长 11~60 μm，也称为单位线。

染色质的四级结构：超螺线管进一步螺旋折叠，形成的长 2~10 μm 的染色单体即为染色质四级结构。

染色质一级结构是构成高级结构的基础。与此同时，染色质的一级结构和高级结构在形成过程中又有许多相似之处。表 3.1 列出了染色质在各级结构间的变化与差异[3]。

表 3.1 染色质在各级结构间的变化与差异

	结构基础	下一级结构	宽度增加	长度压缩
第一级	DNA+ 组蛋白	核小体	5 倍	1/7
第二级	核小体	螺线体	3 倍	1/6
第三级	螺线体	超螺线体	13 倍	1/40
第四级	超螺线体	染色体	2.5~5 倍	1/5
总计			500~1000 倍	1/8000~1/10 000

1. 核小体——染色质的基本结构单位

染色质的基本结构单位叫作核小体。由 DNA 以及 H1、H2A、H2B、H3 和 H4 五种组蛋白组成。两个 H2A、H2B、H3 和 H4 分子构成一个组蛋白八聚体。此处值得注意的是，只有 H3 和 H4 时，能同 DNA 结合成类似的核小体，但只有 H2A、H2B 则不能形成核小体颗粒。146 bp 的 DNA 缠绕组蛋白八聚体 1.75 圈，H1 结合在八聚体上的 DNA 双链开口处，稳定核小体结构。核小体的核心颗粒之间通过一段 DNA 相连接。相比于缠绕起来的 DNA，这段连接处的 DNA 更容易被核酸酶消化，且在不同组织、不同类型的细胞，以及同一染色体上的不同区段中，其长度是不相同的。例如，真菌 DNA 的长度只有 154 bp，但海胆精子 DNA 的长度可达 260 bp。

核小体的主要功能是帮助维持染色质的稳定性和调节基因表达。它可以影响 DNA 的可及性，通过调控核小体的结构和组分，影响 DNA 的复制、转录和修复等过程。此外，核小体还参与了细胞分裂和染色质重塑等重要的细胞生物学过程。

虽然核小体是染色质的基本组织单位，但在特定的条件下，核小体也可以发生分散和重组。这种核小体的重新组装与基因表达的调控有关，它可以在特定的基因活性时期形成特定的染色质结构，从而影响基因的表达水平。

2. 30 nm 染色质

DNA 各线圈缠绕在若干组蛋白束上形成"串珠"结构，这些线圈折叠形成了一种染色质纤维，直径约为 30 nm，属于染色质的二级结构。

30 nm 染色质对于细胞稳定维持、自我复制、分化，以及组织特异性和细胞命运有着十分重要的作用。一方面，30 nm 染色质纤维的结构在保持紧密时会导致基因沉默；另一方面，30 nm 染色质的解聚和重塑开放了基因的转录[4]。这种以染色质为结构基础的表观遗传调控方式在各种遗传代谢活动中普遍存在。

1974 年，Kornberg 等利用 X 光衍射技术发现了染色质的一级结构，即 10 nm 核小体串珠结构[5]。但由于技术限制，更加精细的染色质结构在很长一段时间内没有被解析。直到 2014 年，李国红等利用冷冻电镜成功得到了 30 nm 染色质纤维的冷冻电镜结构图，该结构图展现了 30 nm 染色质纤维的左手双螺旋结构[6]。但 30 nm 染色质纤维的结构解析仍存在诸多问题。例如，细胞内的染色质在发挥功能时是动态的，这种动态以目前的技术还难以捕捉到。但随着基因组学和成像技术的发展，追踪动态 30 nm 染色质结构的变化也成为可能。

3. 常染色质和异染色质

常染色质和异染色质按照形态特征、活性状态和染色质性质的不同来区分。

常染色质是指间期细胞核内染色质的凝缩程度较低，处于疏松伸展状态，且碱性染料染色后着色较浅的染色质。构成常染色质的DNA序列一般比较单一，或包含少量的中度重复序列。常染色质上并非所有的基因都能够转录，是否转录取决于基因本身的特性。

相反的，异染色质是间期细胞核内染色质的凝缩程度较高，处于压缩聚集状态，且碱性染料染色后着色较深的染色质。异染色质影响基因组功能的多种方面，比如控制基因表达、维持染色体完整性以及提供细胞核的机械硬度等[7]。异染色质又分为结构异染色质和兼性异染色质。结构异染色质指在整个细胞周期中都处于高度聚集状态的异染色质，在间期细胞的细胞核中，结构异染色质聚集形成多个染色中心。兼性异染色质则是在某些发育阶段进行常染色质和异染色质互相转换的中介，且兼性异染色质的数量在不同种类的细胞中也有一定差异。

值得注意的是，常染色质和异染色质之间并没有绝对的分界线，它们是在染色质结构和功能连续变化谱系上的两种状态。在不同的发育阶段或细胞类型中，常染色质和异染色质的比例和分布会有所变化。此外，常染色质和异染色质的状态可以通过表观遗传调控以及染色质重塑来进行调整，以适应细胞的特定需求和功能。

3.2　染色质高维结构

染色质高维结构是指在细胞核内，染色质以三维的方式组织和折叠形成的复杂结构。传统上，我们将染色质视为线性排列的DNA分子，但实际上，染色质的组织方式更为复杂。

染色质的高维结构包括多个层次的组织，从较小的DNA序列片段到整个染色质的级别。最小的组织单元是核小体，它由蛋白质和DNA组成，DNA缠绕成螺旋状的结构。在更高的层次上，染色质进一步折叠和组织，形成了染色质环、染色质疆域（chromosome territories）等空间单元。染色质环是染色质在三维空间中的曲折形态，将远距离的基因区域和调控元件相连。染色质疆域是含有多个基因和调控元件的较大区域，它们可以共享相似的表达模式和调控信息。这些高级结构可以通过染色质交互作用来维持和调节，染色质交互作用则是指不同部分的染色质之间的物理接触和相互作用，可以将相关的调控元件和基因在空间上靠近，促进基因的表达和调控。

3.2.1 染色质疆域

细胞核是细胞内最重要的器官之一，其中包含了细胞的遗传物质 DNA 以及许多蛋白质。为了在有限的空间内有效地组织和利用大量的基因组信息，染色质必须以一种高度有序的方式进行组织。这就引入了染色质疆域的概念。

染色质疆域是细胞核内染色质的高度有序组织形式，它将染色质分割成不同的区域，并在三维空间中呈现出特定的排列。染色质是由 DNA、蛋白质和其他分子组成的复杂结构，在细胞核内起着关键的基因表达和遗传调控作用。

染色质疆域由多个染色体区块组成，每个染色体区块包含一段连续的染色质。这些区块相互交错和交织，但与其他染色质区块保持一定的空间分隔。通过高通量染色体构象捕获（Hi-C）等技术，科学家们揭示了染色质疆域的实际空间结构[8]。

染色质疆域的形成和维持是通过多种因素共同作用实现的。其中包括染色质遗传标记、调节蛋白质、DNA 序列特征以及核小体的组织等。核小体是由 DNA 缠绕在蛋白质核小体组成的颗粒状结构，它们在染色质组织中起到关键的作用。染色质疆域内的染色质会被核小体包裹和组织，使得染色质能够有效地进行压缩和解压缩，从而实现基因表达的调控。

染色质疆域的空间组织对于细胞功能和发育具有重要影响。具体来说，染色质的空间位置和相互作用可以影响基因的表达和转录调控。不同染色质疆域内的基因和调控序列之间的距离和相对位置可以影响它们之间的相互作用和调控效果。此外，染色质疆域还参与了染色质的复制和修复等过程，对于维持基因组的稳定性起着重要作用。

近年来，随着高分辨率成像技术的进步，科学家们对染色质疆域的研究取得了重要突破。通过使用三维荧光原位杂交（FISH）、高通量染色体构象捕获（Hi-C）、计算模型等手段，我们能够更加准确地描述和理解染色质疆域的空间结构和功能。研究人员还发现，不同细胞类型和状态下的染色质疆域具有一定的可塑性和动态变化，这进一步强调了染色质疆域在基因调控中的重要作用。

通过对染色质疆域的深入研究，我们能够更好地理解基因组的组织和调控机制。这对于揭示基因表达调控网络、理解疾病的发生和发展机制以及开发相关的治疗方法具有重要意义。例如，一些研究表明，染色质疆域的紊乱与某些疾病的发生和发展密切相关，如癌症、遗传疾病等。因此，进一步探究染色质疆域的组织和功能将为未来的疾病治疗和诊断提供新的思路和靶点。

总之，染色质疆域作为细胞核内染色质的有序组织形式，对于基因表达调控、染色体复制和修复等生物过程起着关键作用。通过对染色质疆域的深入研究，我们能够更好地理解基因组在空间上的组织和相互作用，进而揭示生命的奥秘，并在医学领域做出突破性的贡献。

3.2.2 染色质区室

A/B 区室（A/B compartments）是染色质空间组织的关键概念之一，它们描述了细胞核内染色质的功能性分区。A/B 区室是由 Hi-C 等高通量测序技术揭示的，在三维空间中呈现出明显的结构和排列[9]。本节将详细介绍 A/B 区室的定义、形成机制、功能以及与基因调控和疾病相关的研究进展。

A/B 区室是根据染色质在 Hi-C 联系图中的相互作用模式进行分类的。Hi-C 技术能够检测到不同染色质区块之间的空间相互作用频率，并生成染色体的联系图。在这样的联系图中，染色质区块之间的相互作用频率越高，它们在空间中的距离就越近。利用这些相互作用数据，可以将染色质分为两个大的功能性区域，即 A 区室和 B 区室。

具体而言，A 区室指的是在 Hi-C 联系图中呈现出高相互作用频率的染色质区块，这些区块之间的相互作用较为紧密。相比之下，B 区室则代表相互作用频率较低的染色质区块，它们在空间上相对较远。A 区室通常富集了基因活跃区、转录因子结合位点以及其他与基因表达调控相关的元素。而 B 区室则更多地包含了沉默的染色质区域。

A/B 区室的形成机制是一个复杂的过程，涉及多种分子和调控因素的相互作用。其中，染色质遗传标记和调节蛋白质在 A/B 区室的形成中起着重要作用。研究发现，A 区室通常富集了甲基化特征，而 B 区室则富集了乙酰化特征。此外，CTCF 和 cohesin 等蛋白质在 A/B 区室的形成和维持中也扮演着重要角色，它们能够通过调控染色质的空间组织和相互作用来影响基因的表达和调控。

A/B 区室的功能在基因调控中具有重要意义。研究表明，A 区室内的基因往往与活跃的转录状态相关联，它们更容易被机制复杂的转录调控因子和转录激活复合物访问和调控。相比之下，B 区室则富集了沉默的染色质区域，可能对基因表达起到抑制作用。这种基因调控的差异性可以影响细胞的分化、发育和功能。

A/B 区室在疾病研究中也受到了广泛关注。不少研究发现，某些疾病的发生与

A/B 区室的异常相关。例如，在肿瘤细胞中，A/B 区室的重塑与癌症的发展密切相关。一些研究还发现，特定基因的表达异常与 A/B 区室的重组有关，这可能导致某些遗传疾病的发生。因此，深入理解 A/B 区室的功能和调控机制，对于揭示疾病的发生和发展机制，以及开发相关的治疗方法具有重要意义。

近年来，随着技术的不断进步，科学家们对 A/B 区室进行了更深入的研究。通过整合多组学数据，如 RNA 测序、染色质免疫沉淀测序（ChIP-seq）等，研究人员能够更全面地分析 A/B 区室内基因的表达和调控网络。此外，研究者开发出了许多计算模型和算法来解析 A/B 区室的形成机制和功能。这些研究为我们深入了解染色质的空间组织和功能提供了重要的工具和理论框架。

总结起来，A/B 区室作为染色质空间组织的重要概念，描述了 Hi-C 联系图中的染色质功能性分区。A/B 区室的形成机制涉及多种分子和调控因素的相互作用，它们在基因调控和疾病中发挥着重要作用。通过对 A/B 区室的深入研究，我们能够更好地理解基因组的空间组织和调控机制，为疾病的治疗和诊断提供新的思路和靶点。

3.2.3 拓扑结构域

拓扑结构域（topologically associated domains，TADs）是染色体中的一种重要基因组结构。它们在基因调控和染色体空间组织中起着关键作用。本节将详细介绍拓扑结构域的定义、形成机制、功能以及与疾病相关的研究进展[10]。

拓扑结构域是指染色体上一段连续的基因组区域，在三维空间中呈现出相对独立的 DNA 区块。每个拓扑结构域通常具有数十到数百万碱基对的长度，且在染色体上通常是相对固定的。通过高通量测序技术（如 Hi-C），可以检测到不同拓扑结构域之间的空间相互作用，揭示染色体在三维空间中的组织方式。

拓扑结构域的形成机制复杂多样。最初的研究表明，拓扑结构域可能是由转录阻抑蛋白（CCCTC binding factor，CTCF）和粘连蛋白（cohesin）复合物的相互作用所导致的。CTCF 是一种具有组蛋白结构域的转录因子，它能够结合 DNA 上的特定序列，形成染色质上的 DNA 环。cohesin 复合物则能够帮助维持这些 DNA 环的稳定性。近年来的研究发现，除了 CTCF 和 cohesin，其他转录因子、组蛋白修饰以及非编码 RNA 等也可能参与拓扑结构域的形成。

拓扑结构域在基因调控中具有重要功能。研究发现，同一个拓扑结构域内的基因往往有相似的表达模式。这意味着拓扑结构域可以促进基因的共调控，确保相互关联的基因在同一时间和同一空间进行调控。此外，拓扑结构域还能够隔离和保护基因区域，防止其受到邻近区域的影响。这种功能使得基因在拓扑结构域内能够更精确地被调控，有利于维持基因组的稳定性和正常的生物学功能。

拓扑结构域在疾病研究中也引起了广泛的关注。许多疾病与拓扑结构域的异常相关，例如，在某些癌症中，拓扑结构域的变化可能导致基因的错配表达，从而促进肿瘤细胞的增殖和转移。此外，一些遗传性疾病也与拓扑结构域的突变相关，这可能导致基因的异常调控和功能障碍。因此，深入理解拓扑结构域的功能和调控机制，对于揭示疾病的发生和发展机制，以及开发相关的治疗方法具有重要意义。

近年来，随着技术的不断发展，科学家们对拓扑结构域进行了更深入的研究。通过整合多组学数据，如染色质免疫沉淀测序（ChIP-seq）、RNA 测序等，研究人员能够更全面地分析拓扑结构域内基因的调控网络。此外，研究人员还发展出了许多计算模型和算法来解析拓扑结构域的形成机制和功能。这些研究为我们深入了解染色体三维结构和基因调控提供了重要的工具和理论框架。

总结起来，拓扑结构域是染色体中的一种基因组结构，其由 CTCF、cohesin 和其他调控因子的相互作用而形成。拓扑结构域在基因调控中起着重要作用，能够促进基因的共调控和保护基因区域。此外，拓扑结构域在疾病中发挥着关键作用，其异常可能导致基因错配表达和功能障碍。通过深入研究拓扑结构域的形成机制和功能，我们能够更好地理解基因组的空间组织和调控机制，为疾病的治疗和诊断提供新的思路和靶点。

3.2.4　核膜关联域

核膜关联域（lamina associated domains，LADs）是细胞核内与核膜紧密相连的染色质区域。在细胞核内，染色质通常呈现出高度组织化和结构化的状态，LADs 是其中一个重要的特殊区域。通过研究和描述 LADs，可以深入了解细胞核内染色质的组织结构，以及 LADs 在基因表达调控和染色质功能方面的重要作用[11]。

LADs 的特点是它们通常位于细胞核内靠近核膜的区域，并且在整个细胞周期中保持较高的结构稳定性。LADs 可以跨越数百到数千碱基对（kb）的距离，并且在不同细胞类型和物种之间存在一定的保守性。这些区域可能包含单个基因或多个基因、增强子、启动子等调控元件，因此它们对基因表达的调控起到重要作用。

LADs 与染色质的结构和功能密切相关。首先，LADs 富含静默标记，如 DNA 甲基化和染色质重塑相关蛋白质。这些静默标记可以抑制 LADs 上基因的表达，使其处于沉默状态。其次，与 LADs 关联的核膜蛋白质和转录抑制因子可以阻止染色质与核膜之间发生不必要的相互作用，从而保护基因免受外部调控的干扰。此外，LADs 还参与了染色质的高级结构形成，对染色质整体的组织和稳定性起到重要的维持作用。

LADs 的形成机制涉及多个因素的相互作用。一方面，蛋白质与 DNA 之间的相互作用在 LADs 的形成中起到关键作用。一些核膜蛋白质能够与 LADs 特异性序列结合，并将相关区域锚定在核膜上，形成紧密的连接。另一方面，LADs 的形成与染色质上的表观遗传标记密切相关。DNA 甲基化常常存在于 LADs 附近，并与核膜蛋白质共同作用，维持 LADs 的沉默状态。此外，核小体的组织和染色质的二级结构也与 LADs 的形成有关。

LADs 在与疾病的关联方面引起了学者广泛的研究兴趣。一些研究发现，LADs 的异常连接与多种疾病的发生和发展相关。例如，在某些癌症中，LADs 的重塑可能导致基因的异常表达，进而促进肿瘤细胞的生长和扩散。此外，一些遗传性疾病和阿尔茨海默病等与 LADs 的异常连接也有关。这些研究表明，深入理解 LADs 的功能和机制对于揭示疾病的发病机制以及探讨相关治疗策略具有重要意义。

为了进一步研究 LADs，科学家们采用了一系列技术手段来鉴定和描述这些区域。其中包括染色质免疫共沉淀（ChIP）、DNA 荧光原位杂交（DNA FISH）和高通量测序等方法。这些技术不仅提供了关于 LADs 位置和特征的信息，还为研究人员提供了深入了解其功能和调控机制的途径。

总结来说，核膜关联域是细胞核内与核膜紧密相连的染色质区域。它们在基因表达调控和染色质结构与功能中发挥关键作用。LADs 的形成受到 DNA 与蛋白质相互作用、表观遗传标记以及核小体等多种因素的影响。对 LADs 的研究不仅有助于深入了解染色质的组织和稳定性，还为揭示疾病的发病机制提供了新的视角。通过进一步的研究，我们期待能更好地理解 LADs 的功能和调控机制，并为相关疾病的治疗和预防提供新的思路和策略。

3.2.5 染色质环

染色质环是染色质中的一种特殊结构，它在细胞核内呈现出环状或环状群集的形态。染色质环的形成与细胞核内的基因表达调控密切相关，并且在维持染色质的空间组织、稳定性以及基因功能方面起着重要作用。以下将详细介绍染色质环的形成机制、结构特点以及其在基因表达和遗传学中的作用。

染色质环的形成与DNA序列特征、蛋白质相互作用和三维染色质组织的调控密切相关。首先，染色质环的形成依赖于特定的DNA序列元件，如远端调控区域、启动子和转录因子结合位点等。这些序列元件可以通过与其相关的蛋白质相互作用，将相隔较远的染色质区域招募到一起，形成染色质环。其次，染色质环的形成受到染色质高级结构的调控。细胞核内存在一种称为染色质联系器的蛋白质复合物，它能够在染色质上形成环状结构，通过相互作用将距离较远的染色质区域连接在一起。

染色质环具有以下几个结构特点。首先，染色质环可以是单个染色体上的一段DNA序列，也可以是多个染色体上相互连接的区域。其次，染色质环的大小和形状可以根据细胞类型、细胞状态以及染色体的特定需求而变化。染色质环可以是一个小的环状结构，也可以是一个大的环状群集。此外，染色质环还可以在不同细胞周期中发生动态变化，以适应细胞的不同需求。

染色质环在基因表达调控中起着重要作用。首先，染色质环可以将远端调控区域与启动子区域相互连接，使得启动子能够与调控元件发生物理接触。这种物理接触可以促进转录因子的结合和调控蛋白复合物的招募，从而调节基因的表达。其次，染色质环可以隔离和保护特定的基因区域，避免其受到附近区域的干扰。染色质环还可以通过控制DNA的物理接触，调节染色质上的相互作用事件，进一步调节基因的表达。

在遗传学研究中，染色质环在染色体间相互交换的过程中起着重要作用。染色质环的形成和解开是染色质重组过程中的关键步骤。通过染色质环的形成和断裂，不同部分的染色体可以在细胞核内交换信息，促进基因重组和基因多样性的产生。此外，染色质环在维持染色体的空间组织和稳定性方面也发挥重要作用。它们可以帮助维持染色质的整体结构，防止染色质在细胞核内发生无序缠结和错乱。

为了研究染色质环的存在和功能，科学家们采用了一系列技术手段来可视化和描述这些结构。其中包括染色质免疫共沉淀（ChIP）技术、染色体构象捕获（3C）以及高通量染色体构象捕获（Hi-C）等技术。这些技术不仅提供了对染色质环的直接证据，还为研究人员提供了探索染色质环功能和调控机制的途径[12]。

总体而言，染色质环是染色质中的一种特殊结构，它在细胞核内呈现出环状或环状群集的形态。染色质环的形成与 DNA 序列特征、蛋白质相互作用和染色质高级结构的调控密切相关。染色质环在基因表达调控和遗传学中起着重要作用，通过物理接触和空间组织等机制调节基因的表达和染色体的重组。通过进一步的研究，我们可以期待更好地理解染色质环的功能和调控机制，并揭示其在细胞功能和疾病发生中的潜在作用。

3.3 高维结构检测技术

生物学界对细胞核内三维结构的研究始于 1885 年，科学家观察到细胞核中存在着不同的染色质区域，而后的很多实验和近代的荧光染色技术及显微技术证实了细胞核中存在不同的结构。但是相关的研究一直不够深入，同时缺乏微观的证据。这一现象一直持续到相关技术的出现。

3.3.1 染色质可及性检测技术

核小体由组蛋白八聚体和 147 bp 的 DNA 组成，是染色质的核心结构元件，核小体的组成和转录后修饰反映了不同的功能状态，调节了染色质可及性[13]。打开的染色质结构（open chromatin，即开放染色质）更易于结合转录因子（transcriptional factor，TF）、RNA 聚合酶或其他蛋白，允许活跃的基因转录，而紧密缠绕在核小体或更高阶异染色质中的 DNA 无法与这些结合，从而导致基因沉默[14]。这类打开的常染色质结构又被称为可接近的基因组（accessible genome），包含 2%~3% 的总 DNA 序列，但可捕获超过 90% 的转录因子结合的区域。为了改变基因表达和细胞重编程，染色质处于不断被重塑的动态中。

对于染色质结构和核小体定位的探索，揭示了与特定细胞进程和疾病状态相关的表观遗传机制。染色质上的开放区域与对应转录因子或其他调控蛋白的结合，直接影响细胞内基因复制和转录行为的发生，在转录调控中发挥着重要的作用。精确地在基因组上鉴定这些特定开放的 DNA 区域对于发掘基因组调控元件至关重要。

为了解在不同的细胞生物进程中染色质的结构与其功能之间的关系，首要步骤是对于暴露在外的活跃转录区域和异染色质中紧密结合区域的基因组的比较研究。失去了核小体保护的 DNA 序列，相比于缠绕在核小体上的 DNA 序列具有更高的活性，更容易被核酸酶、转座酶或物理化学手段切割或打断，形成长短不一的 DNA 片段。因此，目前研究染色质可及性主要通过酶解或者超声处理的方法对开放区域的 DNA 进行片段化处理。为诠释某一时刻的基因组架构，目前研究方法主要有四种：MNase-seq、DNase-seq、FAIRE-seq 和 ATAC-seq[15-17]。

这几种技术之间存在一定区别，MNase-seq 利用金黄色葡萄球菌的微球菌核酸酶（MNase）来鉴定核小体区域；DNase-seq 利用 DNase I 内切酶识别开放染色质区域；ATAC-seq 使用一个预先装载 DNA 接头的突变超活性 Tn5 转座酶，对基因组进行酶切时同步标记被剪切的 DNA 片段；FAIRE-seq 是先进行超声裂解，然后用酚－氯仿富集。总结而言，MNase-seq 是通过对核小体保护的 DNA 测序，间接反映染色质可及性的方法，其他三种方法均是检测染色质上的开放区域，直接反映染色质的可及性。

ChIP-seq 可以通过高通量方式来捕捉特定转录因子在基因组上的结合位置，当其与 DNase-seq、FAIRE-seq 这两个实验技术联用时，能够揭示转录因子结合位点、核小体分布位置、染色质开放区域，以及三者间的关系。

3.3.2 染色体构象捕获（3C）及其衍生技术

2002 年，由乔布·德克尔（Job Dekker）团队建立的染色体构象捕获（chromosome conformation capture，3C）技术的出现，使得通过染色质互作图谱（chromatin contact mapping）来评估染色质三维结构成为可能。3C 利用甲醛交联将三维染色质结构固定，然后进行限制性酶切，通过 qPCR 和测序分析切下的 DNA 片段，确定不同 DNA 区域的连接位置，可以用来揭示远距离基因组区域之间的物理相互作用[18]。

3C 更多用于"一对一"的相互作用验证，现已成为更大规模、更高通量或特异性分析的一系列相关技术的基础，在之后的十年间诞生了许多 3C 的衍生技术，每种技术对于特定应用都具有特殊的优势，基于方法学的多样性，科研人员可以根据研究目的选择特定的方法。

环状染色体构象捕获技术（circular chromosome conformational capture，4C）能够识别与目标位点相互作用的未知 DNA 区域（"一对多"）[19]，因此是发现特定区域内新的相互作用的理想之选。4C 的关键点在于将限制性酶切后得到的 DNA 片段自我环化，然后进行反向 PCR 和测序。

碳拷贝染色体构象捕获技术（chromosome conformation capture carbon copy，

5C）允许同时确定多个序列之间的相互作用（"多对多"），是 3C 的高通量版本，会形成与目标位点相结合的 DNA 区域的连接产物文库，然后进行二代测序分析[20]。当需要了解目标区域的所有相互作用，例如，需要绘制特定染色体的详细相互作用矩阵，5C 是理想之选。但是，5C 不是真正的全基因组测序，因为每个 5C 引物必须单独设计，所以 5C 最适合某一特定区域。

除了这些基于 3C 的技术，还有一些与其他技术结合的检测方式。

ChIP-loop 结合了 3C 和 ChIP-seq，通过已知的启动子和增强子间相互作用，能检测由目的蛋白介导的两个目标基因座之间的相互作用，确定特定转录因子的功能[21]。当用来确认两个已知的 DNA 区域是否与目的蛋白有相互作用，ChIP-loop 是理想之选，其主要优势在于特异性好，不足在于其本身信息量可能并不大，应与 ChIP 数据相互参照。

染色质远程交互测序技术（chromatin interaction analysis with paired-end tag sequencing，ChIA-PET）是 ChIP-loop 的高通量版本，整合了 ChIP、染色质邻位连接、双末端标签以及高通量测序以研究全基因组范围内染色质远程交互，能够通过整个基因组的目的蛋白检测长程染色质相互作用，构建已知转录因子介导的染色质互作网络[22]。ChIA-PET 最适用于发现目标蛋白与未知 DNA 的相互作用，如研究转录因子的结合位点。因为在体内 DNA 与转录因子结合，产生了相互作用。但与大多数 3C 技术一样，背景噪声是个挑战，增加了发现与目标位点远距离相互作用的难度。

3.3.3 高通量染色体构象捕获（Hi-C）技术

2009 年，乔布·德克尔团队建立了基于高通量测序的染色体构象捕获（high-through chromosome conformation capture，Hi-C）技术，能在全基因组范围内捕捉不同基因座间的空间交互，研究三维空间中调控基因的 DNA 元件[8]。联合 Hi-C 其他组学的高通量测序数据进行分析，可以对各种生理、病理进行全基因组层面的机制研究。

在 Hi-C 的基础上，近年来陆续出现了许多新技术。

Capture Hi-C 在 Hi-C 文库基础上，针对目标区域（6 MB 以下）设计探针，以进行捕获和测序，用于分析多个目标区域对应的全基因范围的互作[23]。Capture Hi-C 常在疾病样本中捕获 SNP 所在区域与全基因组互作信息，解析非编码区变异位点的潜在靶基因和致病性。需要注意的是，另一项技术 Capture-C 则是将 3C 和寡核苷酸捕获技术（OCT）相结合，加上高通量测序，一次可研究数百个位点。如果既需要高分辨率，又需要全基因组范围，那么 Capture-C 是理想之选。

2016 年诞生的 HiChIP（*in situ* Hi-C followed by chromatin immunoprecipitation）结合了 Hi-C 和 ChIA-PET，是一种利用原位 Hi-C 原理和转座酶介导构建文库来解析染色质构象的方法，能够用更小的数据量获取更高分辨率的染色质三维结构信息，但仅能生成感兴趣蛋白因子结合的染色质高维结构[24]。

2019 年，美国杰克逊（Jackson）实验室阮一骏教授团队发明的 ChIA-Drop 采纳了最新的微流控（microfluidics）技术，同时结合了染色质相互作用分析（ChIA），以及基于液滴（droplet-based）与编码标记（barcode-linked）的高通量测序，通过对每个液滴中的 DNA 进行测序，能够捕获到单分子水平的多重染色质相互作用[25]。

3.3.4 三维基因组相关单细胞测序技术

上述检测方法展示的通常是一个动态过程中的某一瞬间，通常反映了数千个细胞的平均状态。如果一个特定的区域呈现动态变化趋势，或者群体内细胞之间出现差异，那么不同方法得出的数据结构便会不一致。为了解决这些问题，一些单细胞分析方法正在开发中。

单细胞测序技术指在单个细胞水平上对转录组或基因组进行扩增并测序，以检测单细胞基因组结构变异、基因拷贝数变异（copy number variations，CNVs）、单核苷酸变异（single nucleotide variations，SNVs）、基因融合、基因表达水平，以及单细胞转录组选择性的剪接、单细胞基因组的 DNA 甲基化状态等。

一般有两种方式进行单细胞测序。第一种，分离单个细胞，独立建库，进行测序。通过流式细胞术（flow cytometry，FCM，含微流体芯片，用于细胞样品），或者激光捕获显微切割（laser capture microdissection，LCM，用于组织切片样品）来实现。这种方式通量低，成本高[26]。第二种，基于标签（barcode）的单细胞识别，给每个细胞加上独一无二的 DNA 序列，在测序时，把携带相同标签的序列视为来自同一个细胞[26]。这种策略可以通过一次建库，测得数百甚至上千个单细胞的信息。进行基因组单细胞测序，主要通过改造后的高效转座酶 Tn5 来实现。对于转录组单细胞测序而言，可以在测序前逆转录时于 poly T 引物 5' 端加入标签。针对单细胞转录组测序技术，10×Genomics 公司推出 Chromium™ 系统，基于微流控技术，可同时获得 1000~10 000 个细胞的表达信息，技术核心是油滴包裹的凝胶珠（GEM），该系统有 75 万种打上标签的磁珠（barcoded beads），每个磁珠（bead）上有 40 万~80 万个探针。该技术功能强大，通量高、灵活性强、流程简单、技术性能高、单个细胞制备成本低。

2015 年，斯坦福大学威廉·格林利夫（William Greenleaf）和霍华德·张（Howard Y Chang）通过将 ATAC-seq 结合微流控技术，推出了升级版本的单细胞 ATAC-seq（scATAC-seq），通过一个程序化的微流控平台捕获单个细胞，随后在一个整合的流体学集成环路（integrated fluidics circuit，IFC）上进行转座酶切和 PCR，回收文库，并通过带有标签的引物进行 PCR 扩增，随后将单细胞的文库混合并进行高通量测序。

2018 年，美国国家科学院院士、北京大学谢晓亮教授的团队创立的 Dip-C 技术在捕捉到单细胞基因组三级结构后利用多重末端标记扩增（multiplex end-tagging amplification，META）进行测序，并建立了一种新的算法可以将双倍体细胞里的等位基因序列分别填充（impute）到各自单染色体中[27]。

2019 年，北京大学何爱彬教授带领团队创立的 itChIP（simultaneous indexing and tagmentation-based ChIP-seq）是一种新的具有普适性、易操作的单细胞 ChIP-seq 技术，不仅适用于上千个单细胞的捕获，同时也可用于捕获起始量只有几十个单细胞的样品[28]。这为研究稀少细胞样品（如植入前胚胎等）的表观调控异质性提供了新的技术手段。

3.3.5　三维基因组可视化成像技术

除了从高通量数据分析得到虚拟可视化图谱，也有不少科学家致力于开发三维基因组可视化成像技术。

FISH（fluorescence in situ hybridization）技术于 1982 年诞生，通过利用荧光标记的特异核酸探针与细胞内相应的靶 DNA 分子或 RNA 分子杂交，在荧光显微镜或共聚焦激光扫描仪下观察荧光信号，来确定与特异探针杂交后被染色的细胞或细胞器的形态和分布[29]。一般而言，可以用荧光显微镜来研究 1.4 μm 直径的染色体，用超分辨率显微镜来研究 30 nm 直径的染色质纤维，用电子显微镜（EM）来研究 2 nm 直径的 DNA 双螺旋。

FISH 一直以来与基于染色体的构象捕获技术（如 3C、4C、Hi-C）互补，成为研究染色质结构不可或缺的重要技术之一。传统 FISH 及其衍生方法在解决三维基因组中染色质互作上的分辨率存在一定的局限性，染色质互作的成像一直是瓶颈。许多先进技术如 OligoPaint、HD-FISH、Cas-FISH、MB-FISH 等，虽然具有了较高的基因组分辨率，却存在技术复杂和价格昂贵的缺憾[30-31]。

2019 年，加州理工大学蔡龙教授团队建立了 seqFISH+ 技术，通过结合多荧光检测和多轮探针杂交，可以采用标准共聚焦显微镜在单细胞水平对原位组织同时检测多达 10 000 个基因的表达。保留单细胞空间位置信息是该技术的最大优势，大大提高了检测的通量和在原位组织的分辨率[32]。

此外，清华大学高军涛教授团队发明了一种经济有效的成像方法——Tn5-FISH，该方法基于 PCR，分辨率比传统 FISH 高一个数量级以上，能为临床检测肿瘤细胞遗传学变化提供有力的分子诊断工具[33]。

3.3.6　三维基因组信息学

对三维基因组层面的各类高通量数据分析离不开三维基因组信息学的应用，国内外学者一直在致力于开发更精细有效的分析方法，搭建可供全球研究人员共同使用的数据处理平台。随着三维基因组学在国内的发展，我国学者也投身其中。

中国科学院北京基因组研究所张治华研究员团队创建了基于低测序深度的单细胞 Hi-C 数据来预测高分辨率 TAD 的算法 deDoc[34]，以及能够用单细胞 Hi-C 预测 TAD 的新算法 deTOKI[35]。该方法可以利用 TAD 来对单细胞进行分类。

清华大学曾坚阳教授团队利用对整合 Hi-C 数据中的构象上的能量和流行的机器学习（GEM）来重构三维基因组的结构。该模型将 Hi-C 数据中的相邻亲和关系映射到 3D 欧几里得空间（Euclidean space）。

中国科学院数学与系统研究院张世华研究员团队通过混合尺度密集（mixed-scale dense，MS-D）和卷积神经网络（convolutional neural network，CNN）开发的算法 HiCMSD 以及 MSTD 算法，能够很好地提高 Hi-C 数据的分辨率来区分多尺度的拓扑结构。另一个算法 CIRCLET 通过单细胞 Hi-C 数据，能够很好地解构基于细胞周期过程中的环形轨迹。

同时，科学家们基于适用性考虑，开发了不少便于科研人员使用的网络工具，例如，Web3DMol 蛋白结构可视化在线数据库、HiC3D-Viewer 在线工具等，更清晰、准确地呈现和验证细胞内基因组精细三维结构、RNA 或蛋白结构的组成和变化。

研究三维基因组的技术在不断更新进步，从邻位连接方法到不需要邻位连接，从生物化学手段到可视化技术，从实验操作到计算分析，都为更好地理解生命活动的基础调控机制提供了源源不断的助力。

参考文献

[1] 翟中和, 王喜忠, 丁明孝. 细胞生物学[M]. 4 版. 北京: 高等教育出版社, 2011.

[2] OU H D, PHAN S, DEERINCK T J, et al. ChromEMT: Visualizing 3D chromatin structure and compaction in interphase and mitotic cells [J]. Science, 2017, 357(6349).

[3] 王镜岩. 生物化学（上下）[M]. 4 版. 北京: 人民卫生出版社, 2021.

[4] ZHU P, LI G. Structural insights of nucleosome and the 30 nm chromatin fiber [J]. Current Opinion in Cell Biology, 2016, 36: 106-115.

[5] KORNBERG R D. Chromatin structure: a repeating unit of histones and DNA [J]. Science, 1974, 184(4139): 868-871.

[6] SONG F, CHEN P, SUN D, et al. Cryo-EM study of the chromatin fiber reveals a double helix twisted by tetranucleosomal units [J]. Science, 2014, 344(6182): 376-380.

[7] STEPHENS A D, LIU P Z, BANIGAN E J, et al. Chromatin histone modifications and rigidity affect nuclear morphology independent of lamins [J]. Molecular Biology of the Cell, 2018, 29(2): 220-233.

[8] LIEBERMAN-AIDEN E, VAN BERKUM N L, WILLIAMS L, et al. Comprehensive mapping of long-range interactions reveals folding principles of the human genome [J]. Science, 2009, 326(5950): 289-293.

[9] FORTIN J P, HANSEN K D. Reconstructing A/B compartments as revealed by Hi-C using long-range correlations in epigenetic data [J]. Genome Bioloyg, 2015, 16(1): 180.

[10] POMBO A, DILLON N. Three-dimensional genome architecture: players and mechanisms [J]. Nature Reviews Molecular Cell Biology, 2015, 16(4): 245-257.

[11] GUELEN L, PAGIE L, BRASSET E, et al. Domain organization of human chromosomes revealed by mapping of nuclear lamina interactions [J]. Nature, 2008, 453(7197): 948-951.

[12] LAFONTAINE D L, YANG L, DEKKER J, et al. Hi-C 3.0: improved protocol for genome-wide chromosome conformation capture [J]. Current Protocols, 2021, 1(7): e198.

[13] BUITRAGO D, CODO L, ILLA R, et al. Nucleosome dynamics: a new tool for the dynamic analysis of nucleosome positioning [J]. Nucleic Acids Research, 2019, 47(18): 9511-9523.

[14] GASPAR-MAIA A, ALAJEM A, MESHORER E, et al. Open chromatin in pluripotency and reprogramming [J]. Nature Reviews Molecular Cell Biology, 2011, 12(1): 36-47.

[15] GIRESI P G, KIM J, MCDANIELL R M, et al. FAIRE (formaldehyde-assisted isolation of

regulatory elements) isolates active regulatory elements from human chromatin [J]. Genome Research, 2007, 17(6): 877-885.

[16] BUENROSTRO J D, GIRESI P G, ZABA L C, et al. Transposition of native chromatin for fast and sensitive epigenomic profiling of open chromatin, DNA-binding proteins and nucleosome position [J]. Nature Methods, 2013, 10(12): 1213-1218.

[17] MEYER C A, LIU X S. Identifying and mitigating bias in next-generation sequencing methods for chromatin biology [J]. Nature Reviews Genetics, 2014, 15(11): 709-721.

[18] DEKKER J, RIPPE K, DEKKER M, et al. Capturing chromosome conformation [J]. Science, 2002, 295(5558): 1306-1311.

[19] ZHAO Z, TAVOOSIDANA G, SJOLINDER M, et al. Circular chromosome conformation capture(4C) uncovers extensive networks of epigenetically regulated intra- and interchromosomal interactions [J]. Nature Genet, 2006, 38(11): 1341-1347.

[20] DOSTIE J, RICHMOND T A, ARNAOUT R A, et al. Chromosome conformation capture carbon copy(5C): a massively parallel solution for mapping interactions between genomic elements [J]. Genome Research, 2006, 16(10): 1299-1309.

[21] HORIKE S, CAI S, MIYANO M, et al. Loss of silent-chromatin looping and impaired imprinting of DLX5 in Rett syndrome [J]. Nature Genet, 2005, 37(1): 31-40.

[22] FULLWOOD M J, LIU M H, PAN Y F, et al. An oestrogen-receptor-alpha-bound human chromatin interactome [J]. Nature, 2009, 462(7269): 58-64.

[23] JAGER R, MIGLIORINI G, HENRION M, et al. Capture Hi-C identifies the chromatin interactome of colorectal cancer risk loci [J]. Nature Communications, 2015, 6: 6178.

[24] MUMBACH M R, RUBIN A J, FLYNN R A, et al. HiChIP: efficient and sensitive analysis of protein-directed genome architecture [J]. Nature Methods, 2016, 13(11): 919-922.

[25] ZHENG M, TIAN S Z, CAPURSO D, et al. Multiplex chromatin interactions with single-molecule precision [J]. Nature, 2019, 566(7745): 558-562.

[26] GALA DE PABLO J, LINDLEY M, HIRAMATSU K, et al. High-throughput raman flow cytometry and beyond [J]. Accounts of Chemical Research, 2021, 54(9): 2132-2143.

[27] TAN L, XING D, CHANG C H, et al. Three-dimensional genome structures of single diploid human cells [J]. Science, 2018, 361(6405): 924-928.

[28] AI S, XIONG H, LI C C, et al. Profiling chromatin states using single-cell itChIP-seq [J]. Nature Cell Biology, 2019, 21(9): 1164-1172.

[29] BAYANI J, SQUIRE J A. Fluorescence *in situ* Hybridization (FISH) [J]. Curr Protoc Cell Biol, 2004, Chapter 22: Unit 22 4.

[30] BIENKO M, CROSETTO N, TEYTELMAN L, et al. A versatile genome-scale PCR-based pipeline for high-definition DNA FISH [J]. Nature Methods, 2013, 10(2): 122-124.

[31] BELIVEAU B J, APOSTOLOPOULOS N, WU C T. Visualizing genomes with oligopaint FISH probes [J]. Curr Protoc Mol Biol, 2014, 105: Unit 14 23.

[32] ENG C L, LAWSON M, ZHU Q, et al. Transcriptome-scale super-resolved imaging in tissues by RNA seqFISH [J]. Nature, 2019, 568(7751): 235-239.

[33] NIU J, ZHANG X, LI G, et al. A novel cytogenetic method to image chromatin interactions at subkilobase resolution: Tn5 transposase-based fluorescence *in situ* hybridization [J]. Journal of Genetics and Genomics, 2020, 47(12): 727-735.

[34] LI A, YIN X, XU B, et al. Decoding topologically associating domains with ultra-low resolution Hi-C data by graph structural entropy [J]. Nature Communicatoins, 2018, 9(1): 3265.

[35] LI X, ZENG G, LI A, et al. DeTOKI identifies and characterizes the dynamics of chromatin TAD-like domains in a single cell [J]. Genome Biology, 2021, 22(1): 217.

第 4 章

染色体与非编码 RNA

4.1 非编码 RNA 历史

非编码 RNA 的发展历程可以追溯到 19 世纪后期。1869 年，瑞典生物学家米歇尔从脓液中提取到一种富含磷元素的酸性化合物，称为核质；1885—1900 年，德国科学家科塞尔、琼斯和列文证实核酸由不同的碱基构成，最简单的单体结构是碱基-核糖-磷酸构成的核苷酸；1929 年又确定了核酸有两种，一种是脱氧核糖核酸（DNA），另一种是核糖核酸（RNA）。至此，人们逐渐展开了对 DNA 和 RNA 的深入研究。1958 年，英国生物学家、物理学家佛朗西斯·克里克（Francis Harry Compton Crick）最早提出中心法则，用以表示生命遗传信息的流动方向或传递规律。随后，人们逐渐揭开了遗传密码的规则，完整阐明了基因表达的全过程。1968 年，三位美国科学家科拉纳（Khorana）、霍利（Holley）和尼伦伯格（Nirenberg）因破解了遗传密码并解释其在蛋白质合成方面的作用，获得了诺贝尔生理学或医学奖。

1970 年，佛朗西斯·克里克在《自然》杂志上发表的一篇文章中再次解释了中心法则。中心法则表明遗传信息的传递过程遵循一定的规律，即从 DNA 传递给 RNA，再从 RNA 传递给蛋白质，完成遗传信息的转录和翻译。同时，它也可以包括从 DNA 传递给 DNA，即完成 DNA 的复制过程。这是中心法则最根本的内容，所有有细胞结构的生物的遗传信息要完成传递，都要遵循这个基本法则。在某些特殊情况下，中心法则可能会有一些补充。例如，某些病毒中存在 RNA 自我复制的过程，如烟草花叶病毒等；而某些致癌病毒可以通过逆转录过程，将 RNA 转录成 DNA。这些情况是对中心法则的补充，说明了遗传信息传递过程可能具有一定的灵活性和变异性。中心法则是对遗传信息传递的一种基本概括，它揭示了 DNA、RNA 和蛋白质在细胞中的关系和互动，对理解生物遗传学和分子生物学起到了重要的指导作用。

信使 RNA（message RNA，mRNA）在蛋白分子合成过程中，作为"信使"分子，将基因组 DNA 的遗传信息传递至核糖体，实现遗传信息从 DNA 向蛋白质分子的转化。作为蛋白质合成的模板，mRNA 在中心法则中发挥转录作用的关键一环，长期以来一直是研究重点。但实际上，在所有 RNA 中，mRNA 只占 RNA 总量的 2%，其余 98% 的 RNA 无编码功能，这些 RNA 被称为非编码 RNA（ncRNA）。长期以来 ncRNA 并没有引起研究者足够的重视，因为它们不能编码蛋白质，看起来在细胞内是 mRNA 转录过程中的副产物，缺乏实际的生物学意义。20 世纪 50 年代发现了基因表达中的重要非编码 RNA，即核糖体 RNA（rRNA）和转运 RNA（tRNA），它们虽是非编码 RNA，但在蛋白质合成过程中有极其重要的作用；20 世纪 80 年代发现了核内小 RNA（snRNA），1993 年和 2000 年在秀丽隐杆线虫和果蝇中分别发现了微 RNA（miRNA）zBt_4 和 $t\text{-}7$，随后各种非编码 RNA 逐渐进入人们的视野。

4.2 非编码 RNA 简介

目前在生物体内已被发现的非编码 RNA 有以下 12 种。

（1）转运 RNA（transport RNA，tRNA）：1958 年，Zamecnik 实验室在美国《生物化学》杂志上正式发表了发现 tRNA 的文章；1965 年，罗伯特·威廉·霍利（Robett W. Holley）首次测定出酵母 $tRNA^{Ala}$ 的全部核苷酸序列，设计并得到一种"三叶草"二级结构；1968 年，科拉纳、霍利和尼伦伯格共同获得了诺贝尔生理学或医学奖，以表彰他们在解读遗传密码及其在蛋白质合成机制方面所做出的贡献。tRNA 通常由 70~90 个核苷酸组成，具有特殊的二级和三级结构。其二级结构呈现出三叶草（cloverleaf）的形状，其中包括有关键的特征序列和结构，如适配区域（anticodon）和胞背区（TψC 环）。这些结构和序列对 tRNA 的识别和功能至关重要。

三级结构则呈现出倒"L"形，由 tRNA 的折叠和配对形成。这种三级结构使 tRNA 能够与氨基酸反应，并在蛋白质合成过程中作为载体将氨基酸从细胞质转运到核糖体上进行合成。

tRNA 的主要功能是作为翻译的关键组成部分，负责将 mRNA 上的三核苷酸序列（密码子）与特定的氨基酸进行配对。通过抗密码子（anticodon）区的配对，tRNA 能够识别和选择与之对应的氨基酸。这一过程被称为 tRNA 的适配作用，是蛋白质合成的重要环节之一。

此外，tRNA 还具有其他功能。例如，在缺乏核糖体或其他核酸分子参与的情况下，tRNA 能够直接与特定的受体分子结合，合成细胞膜或细胞壁的组分。同时，tRNA 也可以参与反转录酶催化的反向转录过程，将 RNA 逆向转录成 DNA。此外，tRNA 有些种类具有抑制某些酶的功能，发挥多种多样的生物学作用。

（2）核糖体 RNA（ribosomal RNA，rRNA）是一种结构稳定且丰富的 RNA 分子，它存在于细胞的核糖体中，是核糖体的主要组成部分。核糖体的主要功能是参与蛋白质合成过程中的翻译。在核糖体中，rRNA 与蛋白质结合形成不同的核糖体亚单位，使核糖体具备识别 mRNA、将氨基酸序列翻译成蛋白质的能力。

在原核生物中，主要有三种类型的 rRNA：5S rRNA、16S rRNA 和 23S rRNA。这三种 rRNA 分别组成小亚单位和大亚单位的核糖体结构，参与到蛋白质的合成和翻译中。而在真核生物中，rRNA 也存在多种类型。最常见的包括 5S rRNA、5.8S rRNA、18S rRNA 和 28S rRNA 等。这些 rRNA 在真核生物的核糖体结构中占据重要位置，参与到蛋白质合成的不同步骤和调控过程中。

（3）小干扰 RNA（small interfering RNA，siRNA）是一类双链 RNA 分子，它能够通过 RNA 干扰（RNA interference，RNAi）途径抑制或降低特定基因的表达。siRNA 由 20~25 个碱基对组成，其中每条链包含一个由 21 个碱基对组成的双链区域。这些碱基对形成了一个具有特定序列的小双链 RNA 分子。siRNA 最初发现于植物和线虫的天然免疫系统中，后来也被广泛应用于实验室和临床研究中。

siRNA 的主要作用是通过特异性的碱基配对与靶基因的 mRNA 相结合，形成 siRNA-mRNA 复合物。这个复合物会被 RNA 酶复合物识别并切割，导致靶基因 mRNA 的降解或抑制其翻译，从而减少或消除目标基因产物的表达。siRNA 可以通过介导多种生物学过程来实现基因沉默，如抑制病毒复制、阻断异常基因的表达以及参与细胞发育和免疫调节等。

利用 siRNA 技术，可以实现对特定基因的有针对性的干扰，从而研究基因功能、验证药物靶点以及治疗某些疾病。siRNA 还可以通过外源给药途径进入细胞内，例如通过纳米粒载体或脂质体将 siRNA 导入细胞内达到治疗作用。

（4）微 RNA（microRNA，miRNA）是一类短链的非编码 RNA 分子，广泛存在于真核生物的细胞内。miRNA 在基因表达调控中发挥重要作用，参与多种生物学过程的调控和调节。miRNA 的合成起始于 miRNA 原初转录本 pri-miRNA，它在细胞核中由 RNA 聚合酶 II 转录。pri-miRNA 具有长链结构，包含一个或多个预 miRNA（pre-miRNA）序列。pre-miRNA 由一个长链的 RNA 发夹结构组成，其中含有一个长度为 60~70 个核苷酸的茎环结构。

在细胞核中，Drosha 核酸酶将 pri-miRNA 切割为约 70 个核苷酸的预 miRNA。预 miRNA 转运到细胞质中后，再经过 Dicer 核酸酶的作用，产生约 22 个核苷酸的成熟 miRNA 双链。其中的一个链被选择并成为成熟的 miRNA，而另一条链则会被降解。成熟的 miRNA 与 RISC（RNA-induced silencing complex）结合，形成 miRNA-RISC 复合物。RISC 含有 Argonaute 蛋白，它指导复合物与靶 mRNA 相互作用。miRNA 通过与靶 mRNA 的互补序列结合，导致靶 mRNA 的降解或抑制其翻译，从而实现对基因表达的调控。研究表明，miRNA 参与生物体内多种调节途径，包括发育、病毒防御、造血过程、器官形成、细胞增殖和凋亡及脂肪代谢等。

（5）指导 RNA（guide RNA，gRNA），是指导 RNA 编辑的小 RNA 分子，长度为 60~80 个核苷酸，由单独的基因转录，具有与被编辑 mRNA 精确互补的序列。3' 端具有寡聚 U 尾巴，5' 端是一段锚定序列，与非编辑的 RNA 序列互补。编辑时形成一个编辑体，以 gRNA 内部的序列作为模板进行转录物的校正。gRNA 的 3' 端的 oligo U 可作为添加 U 的供体。例如大名鼎鼎的 CRISPR/Cas9 技术就是利用目标序列互补的 gRNA 来引导 Cas 酶特异性切割靶 DNA。

（6）Piwi 相互作用 RNA（piwi-interacting RNA，piRNA），是一类长度为 26~31 个核苷酸的单链小 RNA，存在于哺乳动物生殖细胞当中。其主要功能包括参与减数分裂导致精子形成停滞、在精子形成中参与翻译调控和保护精子基因组避免转座子插入[1]；现有研究表明 piRNA 在肿瘤发生中也发挥了重要调控作用[2]。

（7）转移-信使 RNA（transfer-message RNA，tmRNA），是细菌体内兼具 tRNA 和 mRNA 性质的特殊 RNA，主要帮助保证细菌蛋白质翻译的保真性，通过"核糖体救援"来回收停滞的核糖体，例如大肠杆菌中的 10S RNA。

（8）胞质内小 RNA（small cytoplasmic RNA，scRNA），存在于真核生物细胞质中的小 RNA 分子，长度为 100~300 个核苷酸，通常以蛋白质-核酸复合物的形式存在，参与蛋白质的合成和运输过程。如信号识别颗粒（signal recognition particle，SRP）组分中含有的 7S RNA，其主要功能是识别信号肽，并将核糖体引导到内质网。

（9）核内小 RNA（small nuclear RNA，snRNA），长度为 100~215 个核苷酸，共分为 7 类，由于碱基 U 含量丰富，故编号 U1~U7，snRNA 是剪接体的组分。通常 snRNA 以蛋白质-核酸复合物的形式存在，称为小核核糖核蛋白颗粒（snRNP）。snRNA 的主要功能是在 mRNA 成熟过程中参与 mRNA 的加工。

（10）核仁小 RNA（small nucleolar RNA，snoRNA），属于 snRNA 的一种，可对核糖体 RNA 或其他 RNA 进行化学修饰。根据保守序列和结构元件不同，snoRNAs 可分为 C/D box 与 H/ACA box 两种。前者主要对 RNA 碱基进行甲基化修饰；后者则对其进行甲尿嘧啶化修饰。另外，少数 snoRNA 还参与 rRNA 前体的加工剪切，与 rRNA 的正确折叠和组装密切相关。

（11）circRNA（circular RNA）是一种环状 RNA 分子，与线性 RNA 不同，circRNA 通过回路连接的方式形成环状结构，通常长度较长。这种环状结构使 circRNA 在细胞内具有较高的稳定性和抗降解能力。circRNA 广泛存在于真核生物的细胞核和细胞质中，其表达受到组织特异性和发育阶段的调控。

circRNA 在基因调控中的作用表现在多个方面，包括细胞增殖、转录调控、蛋白质互作和 miRNA 海绵（miRNA sponge）作用等。首先，circRNA 可以作为 miRNA 海绵结合和吸附 miRNA 分子，从而减少 miRNA 对其他目标 mRNA 的调控。这种竞争性结合有助于细胞中的差异化调控和正常功能的维持。其次，circRNA 还能相互作用和调控其他核酸分子，如结合蛋白质和 RNA 结合蛋白，参与基因表达的调控和信号途径的调节。

最近的研究发现，circRNA 在多种疾病的发生和发展中也起到重要作用。例如，它们与肿瘤的发生和转移、神经系统疾病、心血管疾病等密切相关。circRNA 可以作为潜在的生物标志物和治疗靶点，对疾病的诊断和治疗具有重要的临床价值。

（12）长链非编码 RNA（long noncoding RNA，lncRNA）是一类转录本长度超过 200 个核苷酸的 RNA 分子。lncRNA 可通过多种机制实现对基因表达的调控，包括染色质重塑、转录调节和转录后调控等。例如，某些 lncRNA 通过与染色质相互作用，影响染色质的结构和组织，从而调节基因的表达。它们可以在染色质的局部区域上形成三维结构，影响基因的启动子活性和可及性；一些 lncRNA 与 DNA 序列的调控区域或转录因子相互作用，招募转录调控复合物，调节靶基因的转录过程。它们可以作为转录因子的辅助因子或抑制子，影响基因转录的活性和特异性；还有某些 lncRNA 在基因转录后发挥作用，通过与 mRNA、miRNA、蛋白质等相互作用，影响 mRNA 的稳定性、翻译和废物降解等过程。这些 lncRNA 被称为 miRNA 海绵，可以调节 miRNA 的表达及其对其他靶基因的调控。已有不少证据表明 lncRNA 与多种临床疾病有着密切联系，如癌症、心血管疾病和神经系统疾病等。因此，lncRNA 被认为是重要的生物标志物和潜在的治疗靶点。

4.3 长链非编码 RNA

4.3.1 长链非编码 RNA 简介

2002 年，Okazaki 等在对小鼠全长互补 DNA（cDNA 文库）的大规模测序过程中首次发现了一类新的转录物——lncRNA[3]。哺乳动物蛋白编码基因占总 RNA 的 1%，lncRNA 占总 RNA 的比例可达 4%~9%，这些 lncRNA 是基因功能研究的又一座宝库。目前发现的许多 lncRNA 都具有保守的二级结构、一定的剪切形式以及亚细胞定位。同 mRNA 一样，lncRNA 也是由对应的基因转录而成，具有 5' 帽子和 3'poly A 尾巴，通过剪接形成成熟体的 lncRNA，具体比较可见表 4.1。同一基因可以形成不同的转录本的 lncRNA。

lncRNA 的分类根据其在基因组上相对于蛋白编码基因的位置，可分为以下 5 种：反义长链非编码 RNA（antisense lncRNA）、内含子非编码 RNA（intronic transcript）、基因区间的 lncRNA（large intergenic lncRNA）、启动子相关 lncRNA（promoter-associated lncRNA）和非翻译区 lncRNA（UTR associated lncRNA）[4]。

表 4.1　mRNA 与 lncRNA 的异同比较

	mRNA	lncRNA
相同点	组织特异性表达； 具有二级结构； 经转录后加工，具有 5' 帽子和 3'poly A 尾巴，发生 RNA 剪接； 在疾病和发育过程中发挥重要作用	
不同点	可编码产生蛋白质； 在物种之间高度保守； 存在于细胞核和细胞质中； 占总 RNA 的比重较小； 表达水平：由低到高	不能编码蛋白，只有调控功能； 在物种之间保守性差； 主要存在于细胞核中； 预计数量是 mRNA 的 3~100 倍； 表达水平：极低至中等

lncRNA 的作用机制非常复杂，至今尚未完全清楚。根据目前的研究，lncRNA 的作用机制主要有以下几种：

（1）lncRNA 起到 miRNA 海绵作用，调控靶基因表达；

（2）lncRNA 与蛋白结合，调控蛋白功能；

（3）作为结构组分与蛋白质形成核酸蛋白质复合体，如 lncRNA 与蛋白复合物结合到基因启动子区，调控基因的转录；

（4）干扰邻近蛋白编码基因的表达；

（5）抑制 RNA 聚合酶Ⅱ，或介导染色质重构和组蛋白修饰，进而影响基因表达；

（6）lncRNA 与编码蛋白基因的转录本形成互补双链，干扰 mRNA 的剪切，进而产生不同的剪切形式；

（7）lncRNA 与编码蛋白基因的转录本形成互补双链，在 Dicer 酶作用下产生内源性的 siRNA，调控基因的表达水平；

（8）结合在特定蛋白上从而改变该蛋白的胞质定位。

lncRNA 在细胞内具有组织特异性与时空特异性的特点，具体表现为不同组织之间的 lncRNA 表达量不同，同一组织或器官在不同生长阶段，其中的 lncRNA 表达量也会变化。在肿瘤与其他疾病中，lncRNA 具有特征性的表达方式。lncRNA 在肿瘤中的相关功能包括：维持细胞的生长与增殖、躲避生长抑制因子、保证复制的连续进行、促进转移和侵袭、诱导血管生成、抑制细胞凋亡。另外，肿瘤的浸润、转移及血管生成的过程中伴有 lncRNA 表达的改变，而肿瘤的这些行为改变均涉及肿瘤的代谢变化，即 lncRNA 可以通过影响糖代谢、脂肪代谢等来影响肿瘤的发生发展。根据 lncRNA 的这些生物学特性，学者们探讨出了一系列研究 lncRNA 的方法。

4.3.2　长链非编码 RNA 研究方法

对于 lncRNA 的研究已经开展了 20 余年，目前已经成型的研究体系主要包括以下几个部分。

1. lncRNA 的筛选

（1）通过 lncRNA 芯片或 RNA-seq 等方法对多对疾病模型和对照样本组织进行

lncRNA 表达谱分析。

（2）通过生物信息学方法筛选出具有表达差异的 lncRNA，构建共表达网络，预测 lncRNA 的靶基因。

（3）通过 PCR 或 Northern Blot 技术对候选 lncRNA 进行验证，确定其表达差异。

2. lncRNA 全长克隆

主要通过 cDNA 末端快速克隆技术（rapid-amplification of cDNA ends，RACE），获取 lncRNA 的 5' 端和 3' 端全长，合并数据得到完整的 lncRNA 序列。

3. lncRNA 表达分析

（1）在细胞水平上可以进行表达差异的检测。

（2）在组织水平上可对不同组织、不同阶段的表达特性进行检测。

（3）除上述两种方法外，还可比较不同处理条件下，如经药物处理或诱导处理的细胞或组织中 lncRNA 表达水平的差异。

4. lncRNA 功能研究

（1）功能获得性研究：将全长 lncRNA 定向克隆到表达载体上实现 lncRNA 的过表达，与对照细胞对比，检测过表达细胞的生化生理特性。有些 lncRNA 的长度较长或全长尚未解析，这时将视 lncRNA 在基因组上的定位采取不同的研究策略。

（2）功能缺失性研究：可通过 siRNA、shRNA 反义核酸等方法沉默 lncRNA 或使用 CRISPR-Cas9 等基因编辑手段阻止 lncRNA 正常表达，干预 lncRNA 表达后检测其对疾病相关基因表达的影响和对细胞表型如增殖、凋亡、侵袭、转移等指标的影响。

（3）机制探究：在 lncRNA 发挥功能的过程中，必然有其他的 DNA、RNA 或蛋白质参与其调控机制，此时可以选择 RNA pulldown、RNA-RIP、ChIP-seq、ChIRP-seq 等方法联合生物信息学分析，探究与 lncRNA 发生结合的其他生物大分子。例如，某些转录因子与 lncRNA 发生相互作用影响了相关基因的调控，或 lncRNA 与某些染色质重塑因子结合导致染色质高级结构发生了变化，等等。此外还可以通过 lncRNA 芯片分析技术结合 mRNA，对 lncRNA 功能进行预测，研究 lncRNA 顺式和反式调控的作用机制。

4.3.3 长链非编码 RNA 的研究实验手段

1. 与蛋白质相互作用

RNA 结合蛋白免疫沉淀（RNA binding protein immunoprecipitation, RIP）技术，如 chemical-cross-linked RIP、native RIP（nRIP）、UV crosslinked immunoprecipitation（CLIP）等，通过使用抗体来下拉核蛋白复合物，然后从中分离 RNA 用于分析。每种检测方式都有优势和缺陷，例如，nRIP 提供交联产物，而 CLIP 在避免交联产物重新组合的同时可识别 RNA 与蛋白质相互作用位点。这些技术可以结合高通量测序，如 RIP-Seq 和 HITS-CLIP/CLIP-seq 等，来识别 lncRNA 相互作用的全部靶标蛋白质因子。

2. 与 DNA 相互作用

以染色体免疫共沉淀（ChIP）和 RIP 技术的原理为基础，使用染色体 RNA 免疫共沉淀技术（ChIRP）来识别与特殊染色体标签相互作用的 RNA。ChIRP 技术的基本原理是通过限制酶切将染色质与 RNA 交联在一起，并使用 RNA 引物来富集与特定非编码 RNA 相互作用的染色质。通过 ChIRP 技术，可以鉴定和定位与特定非编码 RNA 相互作用的染色质区域。这有助于我们更好地理解 lncRNA 在基因表达调控中的功能，并揭示染色质重塑、基因启动子活性和基因调控网络中的关键元件。

ChIRP 技术的优点是具有较高的特异性和灵敏度，能够鉴定 lncRNA 与染色质的相互作用，并提供准确的染色质位置信息。然而，该技术也存在一些挑战，如 RNA 引物的设计和合成、背景噪声的干扰以及数据分析的复杂性。因此，虽然 ChIRP 技术在研究非编码 RNA 调控机制中具有潜力，但在实际应用中仍需要综合考虑。

4.4 非编码 RNA 与染色体的关系

染色体与非编码 RNA 之间的关系是生物学研究领域中的一个重要课题。在细胞内，染色体承载了遗传信息，而非编码 RNA 则是在转录过程中产生的不具备蛋白质编码能力的 RNA 分子。在过去的几十年里，对于非编码 RNA 的研究取得了显著的进展,揭示了其在基因调控和细胞功能中的重要作用。

首先,染色体上的非编码 RNA 可以通过与染色质相互作用,参与染色质的结构和组织重塑。染色质是染色体的可见形态,是由 DNA、蛋白质和非编码 RNA 组成的高级结构。据研究表明,某些 lncRNA 可以与染色质上的特定区域相互作用,形成三维结构,如染色质环(chromosome looping)和染色体域(chromosome hubs)。这种三维结构的形成可以调节基因表达的启动子活性和可及性。例如,lncRNA *Xist* 参与了 X 染色体锁定过程,在雌性细胞中将一个 X 染色体在某些区域上静默[5]。

其次,非编码 RNA 能够直接参与基因表达的调控。一些非编码 RNA 与 DNA 序列中的调控区域或转录因子相互作用,招募转录调控复合物,影响靶基因的转录过程。形成 RNA-DNA 或 RNA-蛋白质复合物后,它们可以激活或抑制靶基因的表达。例如,lncRNA *HOTAIR* 通过与染色质相互作用,并招募多种转录调控复合物,使 HOXD 基因簇发生重塑,进而影响细胞分化和发展[6]。

最后,非编码 RNA 还可以在转录后直接发挥调控作用。例如,某些 lncRNA 被称为 miRNA 海绵,它们能够与 miRNA 相互作用,调节 miRNA 的表达及其对其他靶基因的调控[7]。miRNA 是一类短链非编码 RNA,可以与 mRNA 结合,从而抑制目标 mRNA 的翻译或增加其降解。因此,lncRNA 作为 miRNA 的调控分子,可以影响某个细胞中 miRNA 的活性和效果,进而影响和调控下游靶基因的表达。

4.5 小结

非编码 RNA 的研究发展历程实际上时间非常短但成果颇丰,目前人们已经对这一类数量庞大的分子有了更加深入的了解和认知。大多数非编码 RNA 由于不直接参与基因的表达,很难直接被找到,那样怎样才能在庞大的基因组中找到别人完全没有想到,甚至都没有见到过的新的有趣的功能分子呢?生物信息学是比较有力的手段,除了鉴定这些新的功能分子,生物信息学很重要的一个作用是找到一些全基因组水平的模式。通过对基因组特征的统计分析,就可以鉴定出一些很有趣的模式。并且通过对不同物种的比较,可以鉴定出很多演化上非常有意义的模式。尽管对于非编码 RNA 的功能和调控机制有了一些了解,但仍有许多未知的领域需要进一步探索。例如,如何进一步准确识别和注释这些非编码 RNA,以及如何解析它们与染色质之间的复杂相互作用等。

非编码 RNA 与染色质之间的复杂相互作用也是当下的一个研究热点。染色质在三维空间中的组织和相互作用对基因表达具有重要影响。通过结合当前的技术手段，如染色质免疫沉淀测序（ChIP-seq）、Hi-C 等，可以获得关于基因组及其三维结构的丰富信息。进一步研究非编码 RNA 与染色质的相互作用对于理解基因调控网络、基因表达调节等方面的重要问题具有重要意义。在未来的研究中，需要深入综合运用生物学、生物信息学、基因组学等多学科的知识和方法，深入探究染色体与非编码 RNA 之间的复杂关系。同时，还需要加强国际合作，建立更多的数据共享平台和研究网络，以加速对非编码 RNA 的研究和应用。希望能通过本章的介绍，给各位读者带来更新的角度去观察、理解生物过程中发生的现象和它们存在的意义。

参考文献

[1] ZHANG Y, GUO R, CUI Y, et al. An essential role for PNLDC1 in piRNA 3' end trimming and male fertility in mice [J]. Cell Research, 2017, 27(11): 1392-1396.

[2] LI F, YUAN P, RAO M, et al. piRNA-independent function of PIWIL1 as a co-activator for anaphase promoting complex/cyclosome to drive pancreatic cancer metastasis [J]. Nature Cell Biology, 2020, 22(4): 425-438.

[3] MOUSE GENOME SEQUENCING C, WATERSTON R H, LINDBLAD-TOH K, et al. Initial sequencing and comparative analysis of the mouse genome [J]. Nature, 2002, 420(6915): 520-562.

[4] DHANOA J K, SETHI R S, VERMA R, et al. Long non-coding RNA: its evolutionary relics and biological implications in mammals: a review [J]. Journal of Animal Science and Technology, 2018, 60: 25.

[5] SALIDO E C, YEN P H, MOHANDAS T K, et al. Expression of the X-inactivation-associated gene XIST during spermatogenesis [J]. Nature Genetics, 1992, 2(3): 196-199.

[6] GUPTA R A, SHAH N, WANG K C, et al. Long non-coding RNA HOTAIR reprograms chromatin state to promote cancer metastasis [J]. Nature, 2010, 464(7291): 1071-1076.

[7] GRELET S, LINK L A, HOWLEY B, et al. Addendum: a regulated PNUTS mRNA to lncRNA splice switch mediates EMT and tumour progression [J]. Nature Cell Biology, 2017, 19(12): 1443.

第5章

染色体与基因编辑

5.1 分子克隆的介绍

5.1.1 概念与发展历程

在现代生物学发展史上，分子克隆（molecular cloning）是一个里程碑式的技术，推动了整个生命科学的进步。分子克隆又被称为重组 DNA 技术（recombinant DNA technology），它是一种在分子水平上纯化和扩增特定 DNA 片段的方法。分子克隆是基因工程的基础，在生物工程领域有着广泛应用。

分子克隆能将目的 DNA 分离出来，并在体外将这个片段插入克隆载体中，以形成新的克隆重组体，也就是重组 DNA 分子，再进一步通过转化与转导的方式，将重组体导入宿主内，使其复制、扩增，再人为筛选出正确导入重组体的单克隆，这样就能在不改变原始 DNA 序列的情况下，获得许多目的 DNA 拷贝，从而实现目的基因的扩增。

分子克隆技术可以追溯到 20 世纪 60 年代末至 70 年代初。维尔纳·阿伯（Werner Arber）等人成功地分离出一种称为限制因子的酶，该酶选择性地切割外源 DNA，而不是细菌 DNA。在此后不久，汉密尔顿·史密斯（Hamilton Smith）从流感嗜血杆菌中分离出限制性核酸内切酶（以下简称限制酶），该酶可以在特定的 6 个碱基对的 DNA 片段中间选择性地切割 DNA。直到使用限制酶和凝胶电泳绘制猿猴病毒 40（SV40）基因组图谱后，限制酶的作用才得以发挥[1-3]。

限制酶是一类能够选择性、特异性切割 DNA 分子的酶，这类酶的发现推动了分子克隆技术的发展，其应用能力和复杂性迅速增长，从而产生了越来越强大的 DNA 操作工具。维尔纳·阿伯、汉密尔顿·史密斯和丹尼尔·纳森斯（Daniel Nathans）也因该开创性的发现，共同获得了 1978 年诺贝尔生理学或医学奖。

在 20 世纪 60 年代初期，科学家们发现可以通过 DNA 分子的断裂和连接发生基因重组，尤其观察到了线性噬菌体 DNA 在宿主感染后，能迅速变成共价闭合的圆环。这项发现在发现可连接 DNA 的酶之前，先于早期的突出观察。随后 DNA 连接酶被分离出来，它们具备拼接 DNA 片段的能力[4-7]。

在发现这些关键作用酶后，保罗·伯格（Paul Berg）成为第一个制造出重组 DNA 分子的科学家。1972 年，他用 SV40 DNA 分别切割并连接了一段 λ 噬菌体 DNA 或大肠杆菌（Escherichia coli）半乳糖操纵子，以创建第一个重组 DNA 分子[8]。1980 年，保罗·伯格、沃尔特·吉尔伯特（Walter Gilbert）和弗雷德里克·桑格（Frederick Sanger）共同获得了诺贝尔化学奖。

1973 年，斯坦福大学医学院教授科恩（Cohen）用限制酶将大肠杆菌的 tet^r 质粒 psclol 和 ne^rs^rR6-3 质粒进行体外切割，连接成一个新的质粒，转化大肠杆菌，在含四环素和新霉素的平板上筛选出了 $tet^r\ ne^r$，实现了细菌遗传性状的转移[9]。因此，科恩是第一个取得基因工程成功的人，这些发现为此后大多数重组 DNA 研究奠定了基础。

总体而言，分子克隆的实现离不开理论上的三大发现和技术上的三大发明：

（1）20 世纪 40 年代，艾弗里（Avery）发现了生物遗传物质的化学本质是 DNA。

（2）20 世纪 50 年代，沃森和克里克提出了 DNA 的双螺旋结构模型，揭开了生物遗传物质的分子机制。

（3）20 世纪 60 年代，遗传信息的传递方式"DNA → RNA →蛋白质"被发现，破译了遗传密码。

（4）1970 年，"基因剪刀"——限制酶被发现，打破了基因工程的禁锢，迎来改造生物的春天，为基因工程奠定了最为重要的技术基础。

（5）1946 年开始，R 因子（抗药因子）、CoE（大肠杆菌因子）等质粒被发现，这就是"交通工具车"——载体。直到 1973 年，科恩才将质粒作为基因工程载体使用，至今质粒一直是基因工程最重要和最广泛使用的载体。

（6）1970 年，逆转录酶的发现打破了遗传生物学的中心法则，使真核基因的制备成为可能。

5.1.2 原理与操作流程

分子克隆的整个操作过程，归纳来讲就是分、切、接、转、筛、鉴、扩、分。

首先需要获取目的基因，主要有两条途径，可以通过聚合酶链式反应（polymerase chain reaction）、酶切等方法从基因组 DNA 或 cDNA 中分离出含有目的基因的 DNA 片段，此外，也可以根据 DNA 序列直接合成。

同时，需要选择并制备合适的载体质粒，它本质上是小型环状 DNA 分子，是细菌、酵母菌等生物中拟核或细胞核以外具有自主复制能力的 DNA。质粒上面有特殊的标记基因，可以用来进行筛选和检测。

质粒上还含有一个或多个限制酶切割位点，可以通过选择某种特定的限制酶对质粒进行切割。限制酶可以切开每条链中两个核苷酸之间的磷酸二酯键，切开后的 DNA 会产生黏性末端或平末端。同时，可用同种限制酶切割目的基因。

之后将上述切开的质粒与目的基因混合，由于切割后的目的基因与质粒都带有相同末端，所以 DNA 连接酶、同源重组等方法可以实现质粒和目的基因的末端连接，这样就形成了重组 DNA 分子。

进一步将重组 DNA 分子转化到受体细胞中，一般是大肠杆菌等细菌，主要借鉴细菌或病毒侵染细胞的途径。可以通过将重组 DNA 分子涂布于具有质粒上对应抗性的培养板上，连接成功的重组 DNA 分子由于具备抗性，可以在培养板上生长成单菌落。目的基因导入受体细胞后，可以随着受体细胞的繁殖而复制，由于细菌的繁殖速度非常快，在很短的时间内就能够获得大量的目的基因。

目的基因导入受体细胞后，是否可以稳定维持和表达其遗传特性，只有通过检测与鉴定才能知道。获得含有目的基因的克隆细胞后，可以通过抗生素、荧光、酶切等方法进行鉴定。克隆细胞必须表现出特定的性状，才能说明目的基因完成了表达过程。

分子克隆有多种策略方法，科学家们可以根据研究目的选择合适的方法。

5.2 分子克隆的应用

5.2.1 转基因生物

分子克隆的特点十分利于分析基因序列，并表达所得蛋白质以研究或利用其功能。分子克隆也可以在体外实现特定基因的突变，从而改变蛋白质的表达和功能。

转基因生物是使用基因工程技术改变其遗传物质的生物。这些技术涉及将基因从一个生物体转移到另一个生物体，由此产生的生物称为转基因生物。

根据科幻电影《蜘蛛侠》中的情节，如果你被蜘蛛咬了一口，蜘蛛的部分基因嵌入了你的基因组内，那么你就变成蜘蛛侠了。离开科幻电影，分子克隆和我们的生活有哪些关系呢？现实生活中确实有"蜘蛛羊"的存在。21世纪，美国科学家通过DNA重组技术将蜘蛛的某些DNA重组到山羊的DNA中，产生了转基因生物"蜘蛛羊"，蜘蛛羊的羊奶经过处理后会像蜘蛛丝般强韧，可以用来制作防弹衣[10]。

分子克隆除了有这些趣味性的探索应用，还在许多领域有广泛的应用。随着分子克隆技术的蓬勃发展，逐渐应用于科研、制药、农业等多个领域。

最早的基因改良动物于1974年出生，该试验把小鼠当作标准实验用具，拯救了数以百万的生命。20世纪80年代，基因改造开始商业化，第一项专利授予了一种能吸收石油的基因工程微生物。

1994年开始上架销售的第一例实验室转基因食物——莎佛番茄（Flavor Savr tomato），它的保质期很长，能通过额外的基因来抑制腐烂酶的合成。但是，关于转基因食物，人们一直争议不断。

转基因技术已被用于农业，以改善人类健康，增强营养，保护环境，增加动物福利和减少牲畜疾病。转基因生物是通过人类干预将基因或DNA序列集成到相应的细胞基因组中，并能够将转基因传递给其后代[11-12]。转基因的生产提供了将新的或修饰的基因和DNA序列快速引入畜牧业的方法，而无须杂交。这是一种更精确的技术，但结果与基因选择或杂交没有根本区别。对牲畜进行基因改造有如下几方面应用：①研究生理系统的遗传控制；②创建遗传疾病模型；③改善动物生产性状；④生产新的动物产品。

转基因方法在开发新型产品和改良品系方面有许多潜在的应用。转基因在畜牧生产中的实际应用包括提高多产性和繁殖性能，提高饲料利用率和生长速度，改善肉的成分，改善牛奶产量及成分，改变头发或纤维，以及提高抗病性。对于牲畜的直接遗传操作而言，转基因农场动物的发展将提供更大的灵活性，并将通过及时和更具成本效益的方式提高畜牧生产效率。

科学家们还利用分子克隆技术创造出超级健美猪、速成鲑鱼、无羽鸡、透明青蛙，以及能在黑暗里发光的荧光斑马鱼等基因工程生物，似乎只要有需求，就可以实现各种脑洞大开的想法。对于分子克隆技术的应用方向最终还是取决于人类，如何把握好尺度，真正将其应用到有意义的地方，是我们一直需要思考的内容。

5.2.2 临床治疗

20世纪90年代，针对人类的基因工程也逐步启动。通过利用含有健康线粒体的细胞质，解决女性不孕问题，这样诞生的婴儿会继承三个人的遗传信息，他们也成为了第一批基因来自一位父亲和两位母亲的人类。

现在，还可以通过基因工程生物来生产许多药物，如可以救命的凝血因子、生长激素和胰岛素等，以前只能从动物器官中提取这类分子。

分子克隆技术能创建用于治疗遗传疾病的重组DNA分子，以用于基因治疗和细胞治疗的研究和应用[13-14]。基因治疗是使用遗传物质来治疗或预防疾病，它涉及将遗传物质转移到患者的细胞或组织中，分子克隆技术可以用于构建基因载体，实现基因的表达和修复，从而达到治疗疾病的目的。分子克隆技术也可以用于构建细胞载体，实现细胞的增殖和分化，从而达到修复组织和器官的目的。因此，分子克隆技术是基因治疗和细胞治疗领域中不可或缺的重要工具之一。例如，分子克隆已用于创建可以治疗囊性纤维化的重组DNA分子，以及用于治疗遗传性疾病，如严重联合免疫缺陷（SCID）等，此外，干细胞疗法已被用于治疗白血病[15-16]。

5.2.3 挑战与发展

现在，克隆基因已经变得简单而高效，成为了一种标准的实验室技术，这也引领了近几十年来科学家们对基因功能的加速理解。新兴技术带来了更大的可能性，例如，使研究人员能够在2 h内将多个DNA片段无缝拼接在一起，并将所得质粒转化为细菌，或者使用可交换的基因盒，以最大限度地发挥作用，这在很大程度上提高了操作的速度和灵活性。在不久的将来，分子克隆可能会出现一种新范式，合成生物学技术将能够在体外化学合成任何计算机指定的DNA构建体。这些进步应该能够更快地构建和迭代DNA克隆，加速基因治疗载体、重组蛋白生产工艺和新疫苗的开发。

分子克隆技术的重要意义在于它可以大量扩增目的基因，为基因功能研究、蛋白表达、病毒包装、基因治疗、细胞治疗、mRNA疫苗、RNAi干扰、细胞功能等领域提供强有力的工具。

分子克隆已经从克隆单个 DNA 片段发展到将多个 DNA 成分组装成单个连续的 DNA 片段。新兴技术试图将克隆转变为一个简单的过程，就像将 DNA "块"彼此相邻排列一样简单。此外，在一个管中组装多个 DNA 片段的能力可以将一系列以前独立的限制性或连接反应转变为简化、高效的进程。

DNA 合成是合成生物学的一个领域，正在推动重组 DNA 技术的彻底改变。尽管完整的基因于 1972 年首次在体外合成，但大 DNA 分子的 DNA 合成直到 21 世纪初才成为现实，当时研究人员开始在体外合成全基因组。这些早期的实验经过数年时间才完成，但在技术方面一直在加强合成大型 DNA 分子的能力。

在过去的 40 年里，分子克隆已经从艰难地分离和拼凑两段 DNA，然后对潜在克隆进行深入筛选，发展到在短短几个小时内以惊人的速度无缝组装多达 10 个 DNA 片段，或者在计算机上进行 DNA 分子设计，并在体外合成。所有这些技术共同为分子生物学家提供了一个强大的工具箱，用于探索、操纵和利用 DNA，并将进一步拓宽科学视野。其中的可能性包括开发更安全的重组蛋白来治疗疾病、增强基因治疗以及更快地生产、验证和发布新疫苗。但最终，分子克隆技术的潜力取决于人类的想象力。

5.3 基因编辑技术

在自然界中，所有生物都携带着宝贵的遗传信息。这些遗传信息由基因组成，而基因则是由脱氧核糖核酸（DNA）构成的四种核苷酸的聚合物。基因的编码过程涵盖了核糖核酸（RNA）和蛋白质的合成过程。

然而，生物体在漫长的进化过程中，常常会受到各种外部和内部刺激的影响，比如紫外线照射、氧化压力或者 DNA 复制过程中的错误。这些刺激可能导致基因组中核苷酸序列发生变化，我们称之为基因突变。这些突变有时会破坏细胞的正常功能，导致细胞异常增殖，最终可能引发疾病，如癌症等。

幸运的是，现代生物技术的进步为我们提供了改写基因信息的可能。通过基因编辑技术，我们可以精确地修复突变的基因序列，使其恢复到正常状态。这一突破性技术为遗传性疾病的治疗提供了新的希望。当然，基因编辑技术不仅可以用于治疗遗传性疾病，还可以用于改善农作物的产量和抗病性，甚至用于保护濒临灭绝的物种。

此外，通过基因编辑技术的研究，我们也能更深入地理解基因在生物体内的功能和调控机制。对基因编辑技术的不断探索和创新，必将会使我们在生物医学、农业和环保等领域取得更加革命性的成果。然而，值得注意的是，基因编辑技术的应用也涉及一系列伦理和道德问题，我们必须谨慎对待，确保其应用符合道德准则和法律规定。

总体而言，基因编辑技术的崛起为人类带来了前所未有的可能性，我们有理由相信，通过不懈的努力，它将在推动医学、农业和生态保护等领域取得更加突破性的进展，为人类的福祉和未来发展带来更多惊喜和希望。

5.3.1 早期的基因编辑技术

早在 20 世纪，人们便已尝试采用传统的遗传学方法对基因进行编辑和改造。这些传统技术虽然在当时起到了一定的作用，但相比现代基因编辑技术，它们在效率、精确性和操作复杂度上都存在一定的局限性。

其中最为常见的传统基因编辑技术包括：

（1）随机突变法：通过辐射或化学处理诱导细胞的随机突变，然后筛选出具有所需基因改变的细胞或生物，原理简单但其结果不够精确。

（2）同源重组法：利用自然的基因重组过程或者人为诱导的诸如同源重组等手段，使目标基因发生敲除或丢失。

尽管传统基因编辑技术为我们提供了了解基因功能和遗传规律的重要途径，但由于其局限性，难以满足现代研究和应用的需求。幸运的是，现代基因编辑技术的出现弥补了这一缺憾，带来了高效、精准和灵活的基因编辑工具，为生物医学、农业和生态保护等领域带来了新的希望和机遇。

5.3.2 锌指核酸酶（ZFNs）技术

在探索基因编辑技术时，不得不提及锌指核酸酶（zinc finger nucleases，ZFNs）。作为基因编辑领域的先驱之一，ZFNs 技术开启了改变生物基因组的新纪元。

ZFNs 技术是一种利用锌指蛋白与限制酶相结合，实现对特定 DNA 序列进行定点编辑的技术。锌指蛋白是一类能够与 DNA 特定序列结合的蛋白质，它们的结合位点由一串 20~30 个的氨基酸组成。这使得锌指蛋白可以被设计成与目标基因的特定区域匹配，实现高度的精准性。与之结合的是限制酶，它们能够切割 DNA 链，引发细胞自身的修复机制，从而在修复过程中引入基因编辑所需的变化。

ZFNs 技术的开创者之一是美国科学家卡尔·普林，他于 1996 年首次成功地设计出能够识别并切割特定 DNA 序列的锌指蛋白。随着锌指蛋白的精准设计和合成技术的不断发展，ZFNs 技术逐渐走向成熟。

使用 ZFNs 技术进行基因编辑的过程可以概括为以下几个步骤：①研究人员会根据目标基因的特定序列设计相应的锌指蛋白，确保其能够精准地结合到目标位点。②选取适当的限制酶，使其与设计的锌指蛋白形成一个锌指核酸酶复合物。这个复合物能够识别并切割目标 DNA 序列。③当 DNA 链被切割后，细胞会启动修复机制，有两种主要修复途径：非同源末端连接和同源重组。在修复的过程中，可以通过引导外源 DNA 片段进入修复过程，实现对基因的精确编辑。

然而，尽管 ZFNs 技术具有很高的精准性，但其操作相对复杂且费时。设计和合成锌指蛋白需要耗费大量的时间和资源，而且不同的目标基因可能需要定制不同的锌指蛋白。此外，由于锌指蛋白的结合位点较短，可能会出现非特异性结合的情况，导致不必要的剪切。

尽管 ZFNs 技术在基因编辑领域起到了开创性作用，但随着更为高效和简便的基因编辑技术的出现，比如 CRISPR-Cas9 技术，ZFNs 技术的应用逐渐减少。然而，ZFNs 技术作为基因编辑领域的里程碑，仍然为我们提供了深刻的启示和经验，为更先进的基因编辑技术铺平了道路。

5.3.3 TALEN 技术

在基因编辑领域，一个新兴的技术正逐渐受到关注，那就是转录激活因子样效应因子核酸酶（transcription activator-like effector nucleases，TALEN）技术。作为一种新兴的基因编辑技术，TALEN 技术以其精准的定点编辑能力吸引了科学界的广泛关注。

TALEN 技术的核心在于一类特殊的蛋白质，即转录激活类似效应子（transcription activator-like effector，TALE）。TALE 最初来自一种名为茵陈（Xanthomonas）的细菌，它们的自然功能是帮助茵陈细菌侵入植物细胞。研究人员发现 TALE 蛋白具有与 DNA 序列高度特异性结合的能力，这为精准的基因编辑提供了理想的工具。

TALEN 技术包括三个关键步骤：设计 TALE 蛋白、合成 TALE 蛋白和构建

TALEN 复合物。首先，研究人员根据目标基因的 DNA 序列设计一段与之高度匹配的 TALE 蛋白。每个 TALE 蛋白包含一系列重复单元，每个单元与特定的核苷酸配对。通过合理的设计，TALE 蛋白能够与目标 DNA 序列紧密结合。其次，合成这些定制的 TALE 蛋白，尽管这一步骤可能相对繁琐，但随着合成技术的发展，变得更加高效和经济。最后，将合成的 TALE 蛋白与限制酶结合，形成 TALEN 复合物。这个复合物能够精准地识别目标 DNA 序列，并在其特异性的引导下实现切割，从而诱导细胞的修复机制来完成基因编辑。

与传统的基因编辑技术相比，TALEN 技术具有几个显著的优点。首先，TALEN 技术的特异性非常高，能够准确地定位到目标基因的特定位点。其次，TALEN 技术可以在不引入外源 DNA 片段的情况下实现基因的插入、敲除和替代，避免了外源序列的影响。此外，TALEN 技术还可以用于研究转录因子与基因表达之间的关系，为揭示基因功能提供了新的途径。

然而，就像所有技术一样，TALEN 技术也存在一些限制。首先，设计和合成定制的 TALE 蛋白相对复杂，需要一定的时间和资源。尽管 TALEN 技术的特异性高于传统的基因编辑方法，但在某些情况下仍可能出现非特异性结合。此外，操作 TALEN 技术需要高水平的实验技能和经验。

5.3.4 CRISPR-Cas9 技术

常间回文重复序列丛集/常间回文重复序列丛集关联蛋白系统（clustered regularly interspaced short palindromic repeats / CRISPR-associated proteins system, CRISPR/Cas 系统）作为基因编辑领域的重要革新性技术，引起了全球科学界的狂热关注。CRISPR 技术革命性的特点在于其高效、精确、灵活的基因编辑能力，以及相对较低的实验成本，为基因疾病治疗、农业改良和生命科学研究等领域带来了前所未有的机会。

CRISPR 技术的核心由两部分构成：CRISPR 序列和 Cas9 蛋白（CRISPR-associated protein 9）。CRISPR 序列天然存在于细菌和古细菌基因组中，是一种成簇分布且间隔较短的特殊 DNA 回文序列，起初被认为是细菌的免疫系统的一部分。Cas9 蛋白则是一种酶，担任 CRISPR-Cas9 系统的"剪刀"，负责切割目标 DNA。CRISPR-Cas9 技术通过将这两部分有机地结合，实现了对基因组的精确编辑。

CRISPR-Cas9 技术的操作流程包括设计靶向序列、构建 CRISPR RNA（crRNA

和 tracrRNA）以及引导 RNA（sgRNA），并将它们与 Cas9 蛋白结合成为复合物。这个复合物能够识别和结合到目标基因组的特定序列上，进而在该位置引发 DNA 的双链断裂。细胞为了修复这一断裂，会借助自身的修复机制，即非同源末端连接或同源重组。借助这个过程，可以实现基因的插入、删除或替代，从而达到编辑基因组的目的。

CRISPR-Cas9 技术的广泛应用得益于其突出的特点。首先，它具有高度的特异性，能够精确地辨认和切割目标基因组的特定序列，避免了非特异性的剪切。其次，相较传统的基因编辑方法，CRISPR-Cas9 技术操作简单，无须复杂的蛋白设计和合成过程，大大降低了实验的难度。此外，CRISPR-Cas9 技术还可以同时编辑多个基因，实现复杂的基因组改造。

然而，CRISPR-Cas9 技术也存在一些挑战和限制。其中最主要的问题之一是"脱靶效应"，即可能在目标序列以外的地方发生意外剪切。此外，对于某些细胞类型或组织，CRISPR-Cas9 技术的转染效率可能较低，影响了编辑的成功率。CRISPR-Cas9 技术在进行大片段的基因插入或替代时也面临一些困难。

综上所述，CRISPR-Cas9 技术作为一种高效、精确的基因编辑技术，正在引领基因编辑领域的革命。其组成的核心是 CRISPR 序列和 Cas9 蛋白，通过精密的设计和操作，实现对基因组的准确编辑。虽然还面临一些挑战和限制，但随着技术的不断发展和改进，CRISPR-Cas9 技术有望在医学、农业、生物学等领域发挥更大的作用，为人类社会带来更多的机遇和希望。

5.3.5　CRISPR 技术最新进展

近年来，CRISPR 技术作为基因编辑领域的颠覆性创新，取得了众多令人瞩目的进展。这些进展不断拓展了 CRISPR 技术的应用领域，提升了编辑效率、精度和多样性。以下是一些最新的 CRISPR 技术进展。

1. CRISPR 干扰（CRISPR interference，CRISPRi）

CRISPRi 是一种基于 CRISPR-Cas9 技术的基因编辑方法，专门用于基因沉默和调控。与传统的 CRISPR-Cas9 基因编辑不同，CRISPRi 不会直接修改 DNA 序列，而是通过抑制目标基因的表达来实现对基因功能的调控。

CRISPRi 的核心机制是通过引导 RNA（gRNA）和一个携带附加功能的融合蛋

白（dCas 蛋白）实现的。dCas 蛋白是 Cas9 蛋白的变种，不具有 DNA 切割活性，但能够与目标基因的特定序列结合。通过设计合适的 gRNA，dCas 蛋白可以被导向目标基因的启动子区域。而 dCas9 常常与各种效应因子发生融合，如转录阻遏因子。其中，kRAB 结构域是一种常见的抑制效应因子，它能够通过招募异染色质蛋白 1（HP1）、核小体重构和去乙酰化复合物（NuRD），以及组蛋白甲基转移酶 SETDB1 等蛋白，在目标位点引导异染色质的形成[17]。这一策略通过改变染色质的结构和修饰，从而阻止 RNA 聚合酶结合并抑制基因的转录过程。

CRISPRi 技术的优势之一是其高度可定制性。研究人员可以根据需要设计不同的 gRNA，使其与特定的启动子序列相匹配，从而实现对目标基因的调控。最重要的是，CRISPRi 还可以实现局部的基因抑制，避免了全局性基因敲除引发的细胞毒性或不良影响。

2. CRISPR-Cas12 技术

CRISPR-associated protein 12（Cas12 蛋白），又称为 Cpf1，与 Cas9 蛋白类似，它是一种 CRISPR-Cas 系统中的 RNA 导向的基因编辑蛋白，具有切割目标 DNA 位点的功能。

Cpf1 最显著特点之一在于它是一个由单个 CRISPR RNA（crRNA）引导的核酸内切酶。相较之下，Cas9 需要经过反式激活 crRNA（tracrRNA）的处理才能对 crRNA 阵列进行干扰介导。而 Cpf1 则不需依赖 tracrRNA 对 crRNA 阵列进行处理，它的 Cpf1-crRNA 复合物能够直接独立地切割目标 DNA 分子，无须其他类型 RNA 的辅助。这个特性对于简化基因组编辑工具的设计和传递至关重要。举例来说，Cpf1 使用较短的 crRNA（约 42 个核苷酸），相对于基于 Cas9 的系统中使用的较长 crRNA（约 100 个核苷酸），这在实际操作中具有明显的优势，因为合成较短 RNA 寡核苷酸更加容易且成本更低[18]。

此外，Cpf1 与 Cas9 还有一个显著区别，Cpf1 产生了一个向外突出的 5' 端黏性末端，与 Cas9 切割产生的平末端形成鲜明对比。这种裂解产物的结构可能特别有助于促进基于非同源末端连接（NHEJ）的基因插入哺乳动物基因组中[18]。通过精确编程黏性末端的序列，研究人员能够设计 DNA 插入，使其在基因组中以正确的方向融合。

特别值得强调的是，Cpf1 技术在非同源末端连接（NHEJ）机制下的基因插入中表现出明显的优势。在哺乳动物基因组中，通过 NHEJ 机制实现基因插入一直是一项具有挑战性的任务。然而，Cpf1 产生的 5' 端切割结构为这一过程提供了有力的支持。研究人员可以利用 Cpf1 技术，将精确编程的 DNA 序列插入基因组中，实现精准的基因编辑和修复[18]。与传统的同源重组修复（HDR）机制相比，Cpf1 技术在非 HDR 机制下的基因编辑更加高效、简便，为基因编辑研究提供了一种更为可行和实用的方法。

Cpf1 家族蛋白在 PAM 序列中富含"T"，这使它们能够在富含"A"和"T"碱基的基因组中寻找目标位点进行编辑。这一特性使 Cpf1 在 AT 基因组特别丰富的生物体（如恶性疟原虫），以及 AT 碱基富集的目标基因组区域（如核骨架基质结合区）的基因组编辑方面具有应用潜力。此外，有趣的是，与其他已被研究的哺乳动物基因组编辑蛋白不同，Cpf1 家族蛋白需要的 PAM 序列是"T"和"T/C"依赖的。这一特点扩展了 RNA 引导的基因组编辑核酸酶的靶点范围，因为迄今为止已被表征的哺乳动物基因组编辑蛋白都需要至少一个"G"的存在。因此，Cpf1 的 PAM 序列特点使得它成为一种具有独特靶点范围的基因编辑工具，为在特定生物体或基因组区域进行编辑提供了新的可能性。这种广泛的适用性为基因编辑技术的研究和应用带来了更多的灵活性和选择。

3. CRISPR-Cas13 技术

Cas13 蛋白（CRISPR-associated protein 13）是一种 CRISPR 相关蛋白，属于 CRISPR-Cas 系统的一部分。与广泛研究的 Cas9 蛋白和 Cas12 蛋白不同，Cas13 蛋白是一种 RNA 导向的核酸干扰蛋白，具有特异性降解目标 RNA 的功能。其独特的特性和应用潜力使其成为生物医学研究和分子生物学领域的一个重要工具。

在 Cas13 中，有几个不同的亚型，Cas13a 最早被研究人员深入探究。Cas13 蛋白的特异性来自与 crRNA 的互作，使其能够识别和结合特定的 RNA 序列。一旦 Cas13 与目标 RNA 结合，它的核酸酶活性便会被激活，导致目标 RNA 的切割和降解。这个过程被称为 RNA 干扰，类似于细胞中的天然 RNA 干扰机制，通过降解 RNA 分子来抑制基因的表达和功能[19]。

近年来，Cas13 的应用范围逐渐扩展，成为基因编辑和分子诊断领域的一个重要工具。Cas13 一项重要的应用是 RNA 修饰编辑，研究人员可以通过将 Cas13 与特定的脱氨酶融合，实现对 RNA 分子的特定修饰，从而影响基因的表达和功能。这为研究 RNA 的功能和调控提供了新的手段。

此外，Cas13 还被用于开发一种高灵敏度的核酸检测技术，被称为 SHERLOCK

（specific high-sensitivity enzymatic reporter unlocking）。SHERLOCK 技术利用 Cas13 的 RNA 识别和切割能力，可以检测样本中微量的核酸分子，例如病原体的 DNA 或 RNA，从而实现快速、精确的病原体检测。

4. 单碱基编辑技术

近年来，基因编辑技术在革命性地改变着我们对基因组的认识和操控能力。而对这项技术的改进从未停止，一种引人瞩目的技术就是碱基编辑技术（base editing）[20]。与传统的剪切与粘贴式基因编辑方法相比，碱基编辑技术能够直接实现单个碱基的精准修改，为基因组编辑领域带来了全新的可能性和前景。

碱基编辑技术的核心在于将 CRISPR-Cas 系统与脱氨酶或脱氧酶相结合，通过将特定的酶与 Cas9 蛋白或 Cas12 蛋白融合，实现在基因组的特定位置精确修饰碱基。这种方法避免了传统的双链断裂和 DNA 修复机制，从而大幅提高了编辑的准确性和特异性。

在碱基编辑技术中，Cas 蛋白用于定位到目标位点，而脱氨酶或脱氧酶则用于实现碱基的转化。脱氨酶可以将特定的碱基氨基基团去除，进而导致碱基的转化。例如，C→T 或 A→G。这种转化过程发生在 DNA 链的单链部分，因此不会引发双链断裂和 DNA 修复。

碱基编辑技术相较于传统的基因编辑方法具有多重优势。首先，它可以实现高度精确的单碱基修饰，避免了不必要的 DNA 修复过程，从而减少了由编辑引起的意外突变。其次，碱基编辑技术避免了插入或删除造成的框架错移，有助于维持基因的正常功能。此外，碱基编辑技术还可以实现在非分裂细胞中的基因编辑，如神经系统细胞，为研究和治疗带来更多可能。

5. 其他新兴的 CRISPR 技术发展

先导编辑技术（prime editing）是一种高精准度的基因编辑技术，通过将 Cas9 蛋白与逆转录酶相结合，实现在基因组中特定位置插入、删除或替换碱基。相对于传统的 CRISPR-Cas9 技术，先导编辑技术在编辑的准确性和效率方面有所提升。

CRISPR-ChIP（chromatin immunoprecipitation）技术结合了 CRISPR 和 ChIP 技术，使研究人员能够在特定基因组区域进行定向的染色质免疫沉淀，用于研究基因调控和表达。

这些新兴的 CRISPR 技术不仅拓展了基因编辑和调控的范围，还在精确性、效率和应用领域上带来了新的突破。随着技术的不断创新和完善，CRISPR 技术在医学、生物学和农业等领域的应用前景将变得更加广阔。

参考文献

[1] LINN S, ARBER W. Host specificity of DNA produced by *Escherichia coli*, X. in vitro restriction of phage fd replicative form [J]. Proceedings of the National Academy of Sciences of the United States of America, 1968, 59(4): 1300-1306.

[2] SMITH H O, WILCOX K W. A restriction enzyme from Hemophilus influenzae I. purification and general properties [J]. Journal of Molecular Biology, 1970, 51(2): 379-391.

[3] DANNA K, NATHANS D. Specific cleavage of simian virus 40 DNA by restriction endonuclease of *Hemophilus influenzae* [J]. Proceedings of the National Academy of Sciences of the United States of America, 1971, 68(12): 2913-2917.

[4] KELLENBERGER G, ZICHICHI M L, WEIGLE J J. Exchange of DNA in the recombination of bacteriophage lambda [J]. Proceedings of the National Academy of Sciences of the United States of America, 1961, 47(6): 869-878.

[5] BODE V C, KAISER A D. Changes in the structure and activity of lambda DNA in a superinfected immune bacterium [J]. Journal of Molecular Biology, 1965, 14(2): 399-417.

[6] COZZARELLI N R, MELECHEN N E, JOVIN T M, et al. Polynucleotide cellulose as a substrate for a polynucleotide ligase induced by phage T4 [J]. Biochemical and Biophysical Research Communications, 1967, 28(4): 578-586.

[7] GELLERT M. Formation of covalent circles of lambda DNA by E. coli extracts [J]. Proceedings of the National Academy of Sciences of the United States of America, 1967, 57(1): 148-155.

[8] JACKSON D A, SYMONS R H, BERG P. Biochemical method for inserting new genetic information into DNA of Simian Virus 40: circular SV40 DNA molecules containing lambda phage genes and the galactose operon of *Escherichia coli* [J]. Proceedings of the National Academy of Sciences of the United States of America, 1972, 69(10): 2904-2909.

[9] COHEN S N, CHANG A C, BOYER H W, et al. Construction of biologically functional bacterial plasmids in vitro [J]. Proceedings of the National Academy of Sciences of the United States of America, 1973, 70(11): 3240-3244.

[10] GRAY G M, VAN DER VAART A, GUO C, et al. Secondary structure adopted by the Gly-Gly-X repetitive regions of dragline spider silk [J]. International Journal of Molecular Sciences, 2016, 17(12).

[11] BASSO M F, ARRAES F B M, GROSSI-DE-SA M, et al. Insights into genetic and molecular elements for transgenic crop development [J]. Frontiers in Plant Science, 2020, 11: 509.

[12] SHAKWEER W M E, KRIVORUCHKO A Y, DESSOUKI S M, et al. A review of transgenic animal techniques and their applications [J]. Journal of Genetic Engineering and Biotechnology, 2023, 21(1): 55.

[13] EL-KADIRY A E, RAFEI M, SHAMMAA R. Cell therapy: types, regulation, and clinical benefits [J]. Frontiers of Medicine(Lausanne), 2021, 8: 756029.

[14] PAPANIKOLAOU E, BOSIO A. The promise and the hope of gene therapy [J]. Frontiers in Genome Editing, 2021, 3: 618346.

[15] KOUPRINA N, LARIONOV V. TAR cloning: perspectives for functional genomics, biomedicine, and biotechnology [J]. Molecular Therapy-Methods & Clinical Development, 2019, 14: 16-26.

[16] MONTANO-SAMANIEGO M, BRAVO-ESTUPINAN D M, MENDEZ-GUERRERO O, et al. Strategies for targeting gene therapy in cancer cells with tumor-specific promoters [J]. Frontiers in Oncology, 2020, 10: 605380.

[17] RADZISHEUSKAYA A, SHLYUEVA D, MULLER I, et al. Optimizing sgRNA position markedly improves the efficiency of CRISPR/dCas9-mediated transcriptional repression [J]. Nucleic Acids Research, 2016, 44(18): e141.

[18] ZETSCHE B, GOOTENBERG J S, ABUDAYYEH O O, et al. Cpf1 is a single RNA-guided endonuclease of a class 2 CRISPR-Cas system [J]. Cell, 2015, 163(3): 759-771.

[19] COX D B T, GOOTENBERG J S, ABUDAYYEH O O, et al. RNA editing with CRISPR-Cas13 [J]. Science, 2017, 358(6366): 1019-1027.

[20] KOMOR A C, KIM Y B, PACKER M S, et al. Programmable editing of a target base in genomic DNA without double-stranded DNA cleavage [J]. Nature, 2016, 533(7603): 420-424.

第6章

染色体异常与肿瘤发生

6.1 肿瘤染色体揭秘

6.1.1 认识肿瘤

现代医学飞速发展，但仍然有许多疾病尚未被攻克，癌症就是其中之一，它严重影响人类健康。许多我们熟知的名人都死于癌症，比如《红楼梦》中林黛玉扮演者陈晓旭罹患乳腺癌去世，苹果创始人乔布斯因胰腺癌去世，著名歌手梅艳芳因宫颈癌去世。那么什么是肿瘤呢？肿瘤是如何产生的？肿瘤细胞与正常细胞有哪些不同？目前又有哪些治疗方法呢？这一章节将带领大家全面认识肿瘤。

"癌症"一词最早由"医学之父"、西方医学奠基人——古希腊名医希波克拉底提出。在大约公元前400年，他废除了"恶瘤"一词，将其称为"癌症"，源自希腊文"karkinos"，意为螃蟹，形象地描述了癌症的特征，即（癌）细胞异常失控，毫无规律地分裂生长，并向四周伸出侵袭其他组织的"蟹爪"。公元47年，罗马百科全书编纂者凯尔苏斯第一次将希腊语"karkinos"翻译成了拉丁语"cancer"。

然而，古代医学对于肿瘤的理解主要停留在症状的描述和一些基本的外科手术治疗。直到19世纪，人们对肿瘤的认识才有了较大的进步。在18世纪末到19世纪初，人们开始对解剖学和病理学有了更深入的了解。病理学家开始对肿瘤的形态学和组织学特征进行系统的观察和分类。进入19世纪，人们开始认识到肿瘤是异常细胞增生的结果，而非简单的包块或肿块。

1829年，德国病理学家约翰尼斯·彼得·穆勒（Johannes Peter Müller）认为肿瘤是一种异常的组织增生，肿瘤组织由细胞而非淋巴液组成，认识到肿瘤是一种细胞病变，颠覆了肿瘤的淋巴液学说，提出了肿瘤在组织水平上的概念，这个理论为后来的肿瘤研究奠定了基础。

1911年，美国科学家、诺贝尔奖获得者弗朗西斯·佩顿·劳斯（Francis Peyton Rous）发表了一份报告，报告中认为癌性肿瘤是病毒所致。他从鸡的可转移性肿瘤中分离出一种能够导致正常鸡产生类肉瘤的病毒，开创了肿瘤病毒理论。这一提法在医学史上是首次，劳斯也成为发现这种"肿瘤病毒"的第一人，因为这种病毒最早发现于那只被劳斯检诊的鸡，所以被命名为"劳斯鸡肉瘤病毒"。到20世纪70年代，医学领域的学者普遍相信，致癌病毒是通过将其基因信息沉积在被感染细胞的染色体中导致了癌症发生，并有许多科学家加入了寻找致癌病毒的研究中。直到1978年，临床统计证明，在欧洲和北美洲，超过95%的研究者设想的可能引发癌症的病毒与癌症的发生没有根本关系，而剩下的不到5%的病毒，只不过是一些特殊癌症的"诱发因子"或"辅因子"，并不是直接致癌的因素，其中包括人乳头状瘤病毒、乙型肝炎病毒、EB病毒、T细胞白血病病毒等。至此，关于癌症病毒的研究热潮才冷却下来。

分子生物学和遗传学的快速发展推动了肿瘤学的进步。人们对癌细胞的遗传学和生物学特性有了更全面的认识。随着遗传物质和DNA双螺旋结构被揭示，科学家们对癌症发病因素的研究也逐渐转向生物大分子的结构和功能。1976年，加利福尼亚大学的J.迈克尔·毕晓普（J. Michael Bishop）和哈罗德·瓦穆斯（Harold Varmus）在《自然》杂志上发表论文，提出他们的结论：一个正常细胞转变成癌细胞的原因是正常的细胞基因（即原癌基因）受到某种干扰，而不是病毒所引起的。他们提出了癌症来自原癌基因科学结构的改变，这是人类在癌症病因研究过程中里程碑式的发现。其后大量的实验报告支持了这一结论。现在我们知道这些原癌基因控制着我们身体细胞的基本生长和分裂，但是外界某些因素的干扰会导致其不正常地生长，进而导致肿瘤的生成。他们也由此获得了1989年的诺贝尔生理学或医学奖。

随着人类基因组计划的启动，1994年以后科学家又陆续发现了多种抑癌基因、DNA修复基因和细胞的自杀基因等，逐渐发展出了有关肿瘤产生和发展的新的基因理论。

总体而言，肿瘤的发现和研究是一个漫长而不断进步的过程。随着生命科学和医学的不断发展，我们对肿瘤的认识将会越来越深入。

如今，在生物及医学上，肿瘤定义为机体细胞在内外致瘤因素长期协同作用下导致其基因水平的突变和功能调控异常，从而促使细胞持续过度增殖并导致发生转化而形成的新生物（neogrowth），因为这种新生物多呈占位性块状突起，因此也称赘生物（neoplasm）。

肿瘤细胞是指体内发生无限制生长和分裂的异常细胞，它们是癌症的基本单位。作为令人闻风丧胆的肿瘤细胞，它们有十大特征[1]。

（1）持续的增殖信号。肿瘤细胞能够不受限制地持续分裂和增殖，导致肿瘤的生长。这是因为肿瘤细胞可以通过激活自身的增殖信号来促进无限增殖，而不依赖于体内的正常生长调控机制。

（2）逃避生长抑制因子。除了诱导和维持积极作用的生长刺激信号，肿瘤细胞还必须规避负调节细胞增殖的强大程序，其中许多程序依赖于肿瘤抑制基因的作用。目前已经发现了数十种以各种方式限制细胞生长和增殖的肿瘤抑制因子。

（3）抵抗细胞凋亡。即使在细胞中存在DNA损伤或其他异常的情况下，肿瘤细胞也会有多种策略来限制或规避细胞凋亡，这使得它们能够存活下来。

（4）逃避免疫监视。肿瘤细胞可以通过不同的机制避免免疫系统的检测和攻击，难以被免疫细胞识别为异常细胞，从而实现免疫逃逸。

（5）无限的复制能力。肿瘤细胞能够将端粒DNA维持在足以避免触发衰老或凋亡的长度，大部分肿瘤通过上调端粒酶的表达来实现，仍有一部分肿瘤并没有端粒酶的活性，而是通过同源重组的方式来实现端粒的延伸，称为端粒延长替代通路（alternative lengthening of telomeres，ALT）。

（6）诱导血管生成。像正常组织一样，肿瘤也需要营养物质和氧气形式的食物，以及排出代谢废物和二氧化碳。在肿瘤发展期间，"血管生成开关"总是被激活并保持打开状态，导致正常静止的脉管系统不断萌发新血管，这有助于提供肿瘤生长所需的营养和氧气，并维持和促进肿瘤生长。

（7）组织浸润和转移。肿瘤细胞具有侵袭周围组织的能力，并可以通过血液或淋巴系统转移到身体的其他部位，形成转移瘤。

（8）重编程的细胞能量代谢。Warburg首先观察到癌细胞能量代谢的异常特征——癌细胞会偏向使用糖酵解作用取代一般正常细胞的有氧循环，所以癌细胞使用线粒体的方式与正常细胞就会有所不同。即使在氧气存在的情况下，癌细胞也可以重新编程其葡萄糖代谢，从而重新编程其能量代谢，方法是将其能量代谢主要限制在糖酵解上，导致一种被称为"有氧糖酵解"的状态。

（9）基因组的不稳定性和突变。肿瘤细胞常常有基因组的不稳定性，即DNA

损伤和修复过程紊乱，导致遗传信息的积累紊乱。

（10）促进肿瘤发展的免疫浸润。免疫系统的浸润细胞越来越被认为是肿瘤的通用成分。这些免疫细胞以相互矛盾的方式运作：肿瘤拮抗作用的免疫细胞和促进肿瘤的免疫细胞都可以在大多数肿瘤病变中以不同的比例被发现。

根据新生物的细胞特性及对机体的危害性程度，可将肿瘤分为良性肿瘤和恶性肿瘤两大类。良性肿瘤通常不会对机体产生较大的危害，主要表现为局部压迫症状，具有生长缓慢、边界清楚、不转移、预后良好等特征[2-3]。其影响主要与发生部位变化有关，若发生在重要器官也会产生严重后果，如消化道良性肿瘤可能会引起肠梗阻，颅内的良性肿瘤可压迫脑组织和阻塞大脑系统，进而引起颅内压升高和相应的神经症状等[4]。恶性肿瘤，通常也称为癌症，是一类具有侵袭性和转移能力的肿瘤。恶性肿瘤与良性肿瘤相比，具有更大的潜在危险，因为它们可以通过侵袭周围组织、扩散到其他部位（转移）来对身体造成广泛的损害。恶性肿瘤具有肿瘤的十大特征，并且会在生长和转移过程中生成有害物质，对机体产生严重的危害。其实，还有一类在良性和恶性之间的肿瘤，称为"交界性肿瘤"。良性肿瘤和恶性肿瘤之间的界线并非决然，良性向恶性演变是呈渐进性的，肿瘤的发生、发展均经历了良性病变到交界性病变，然后到浸润癌的连续病理过程。因此客观上存在着良恶性之间的中间型肿瘤即交界性肿瘤。

正常细胞发展成为肿瘤的过程称为"肿瘤发生"。肿瘤发生是一个渐进式、多步骤、多阶段的过程，涉及多级反应和累计突变。下面是一个一般性的肿瘤发生过程的描述。

（1）起始事件。肿瘤的发生通常始于一系列细胞内或基因组的损伤，这些损伤可以由外部致癌物质（如辐射、化学物质）或内部因素（如遗传突变、细胞内压力）引起。这些损伤可能会导致细胞 DNA 的突变，破坏了正常的基因调控。

（2）增殖。如果损伤的细胞能够逃脱自然的修复机制，可能会进一步发展为异常细胞。在这个阶段，一些细胞因子和生长因子可能会刺激这些异常细胞的增殖，从而形成一小团称为增生。这些增生虽然不一定是肿瘤，但它们为后续的癌变创造了环境。

（3）发展。在一些情况下，增生可能会发展为肿瘤。在发展阶段，细胞的异常增殖和分化会导致组织的异常形态和功能。在细胞发生恶性转变之后，肿瘤细胞继续积累突变，赋予突变细胞新的特性，使肿瘤细胞更具危险性。在此过程中，癌变的细胞越来越不受体内调节机制的控制，并逐渐向正常组织侵染。

（4）转移。如果肿瘤继续发展，其中的某些细胞可能会脱离原始肿瘤，通过血液循环或淋巴系统传播到身体其他部位，形成远处的转移瘤。这个阶段是癌症"最致命"的阶段，因为转移瘤可以影响多个器官和系统。

整个肿瘤的发生过程是一个逐步的、多步骤的累积过程，需要多种细胞和分子机制的累积性变化。不同类型的肿瘤可能具有不同的发生过程，但大致遵循这些阶段。

由于肿瘤发生、发展的复杂性，关于肿瘤发生的病因，还尚未完全了解。目前其病因大体可以分为两方面：内因包括免疫功能受到削弱或破坏以及遗传因素；外因包括直接作用致癌物、间接作用致癌物、非共价作用的致癌物等化学致癌因素，电离辐射、热辐射与慢性刺激、紫外线等物理致癌因素，细菌、寄生虫、病毒、真菌毒素等生物致癌因素。

免疫系统的失调可能会导致异常细胞逃脱免疫监测，从而增加肿瘤发生的风险。免疫抑制药物的使用，如在器官移植后使用的药物，也可能增加某些类型的肿瘤发生的风险。遗传突变是引起肿瘤的一个主要原因。有些人可能从家族中继承了易感基因，这些基因可能会增加肿瘤发生的风险。一些遗传疾病与特定基因的突变相关，如遗传性乳腺癌、遗传性结直肠癌综合征等。暴露于某些致癌物质或致癌因素中可以增加肿瘤发生的风险。这些致癌物质可能包括化学物质、辐射、烟草烟雾、部分食品添加剂等。某些病毒感染与特定类型的肿瘤发生关系密切。例如，人类乳头状瘤病毒（HPV）与宫颈癌相关，乙型肝炎病毒（HBV）和丙型肝炎病毒（HCV）与肝癌相关。

除了以上因素，还有一些与我们自身相关的因素也会增加肿瘤发生的概率。如不良的生活习惯：高脂饮食、缺乏锻炼、吸烟、酗酒等，都与一些肿瘤的发生风险增加有关。身体中一些长期的慢性炎症也可能会导致细胞损伤和DNA损伤，从而增加肿瘤的发生风险。例如，溃疡性结肠炎与结直肠癌有关联。体内激素的异常分泌可能与某些肿瘤的发生相关。例如，雌激素与乳腺癌有关。年龄也是肿瘤发生的一个重要因素。随着年龄的增长，细胞累积了更多的DNA损伤，导致发生异常细胞的可能性增加。

恶性肿瘤容易发生转移。肿瘤转移是指恶性肿瘤细胞从原发部位，经淋巴道、血管或体腔等途径，到达其他部位继续生长的过程，其转移方式有四种。①直接蔓延到邻近部位，恶性肿瘤连续不断地浸润、破坏周围组织的生长状态；②淋巴转移：原发癌的细胞随淋巴引流，由近及远转移到各级淋巴结，也可能超级转移，或因癌细胞阻碍顺行的淋巴引流而发生逆向转移，上皮组织源性恶性肿瘤多经淋巴道转移；③血行转移：癌细胞进入血管随血流转移至远隔部位如肺、肝、骨、脑等处，形成继发性肿瘤，进入血管系统的肿瘤细胞常与纤维蛋白及血小板共同黏聚成团，称为瘤栓；④种植：瘤细胞脱落后种植到另一部位，如内脏的癌播种到腹膜或胸膜上。

6.1.2 染色体突变与肿瘤

在癌症的研究中，对肿瘤染色体的研究成为一个重要的研究领域。肿瘤染色体在癌症的发生和发展中发挥着关键的作用。本节将对肿瘤染色体进行深入探讨，探寻它们在癌症发生和发展中的重要性，并介绍目前这一领域的研究进展。

几乎所有的肿瘤都有染色体异常，这被认为是肿瘤细胞的特征。所以想要更深入地了解肿瘤，我们要先认识染色体。19 世纪晚期，通过对细胞和胚胎的观察，人们认识到遗传信息是在染色体上保存的。染色体（chromosomes）是真核细胞细胞核中的线状结构，当细胞开始分裂时，在光学显微镜下可以看到。后来，当生化分析成为可能时，科学家们发现染色体是由脱氧核糖核酸（DNA）和蛋白质组成，两者的存在数量大致相同[5]。

正常情况下，机体细胞内存在一套监控系统来确保染色体的正确复制、分离。如果这套系统异常，将导致染色体复制、分离和传代异常，产生染色体异常的子代细胞，其中大多数子代细胞死亡，而极少数选择性克隆转化为癌细胞，导致肿瘤的发生。现代细胞遗传学和分子生物学研究表明，大多数肿瘤细胞特别是实体瘤细胞和体外转化细胞，常表现为染色体不稳定（chromosome instability，CIN），包括整条染色体的获得或缺失（非整倍体）、杂合缺失、染色体易位与重排，以及基因扩增导致的染色体均染区、双微体等[6]。肿瘤患者染色体异常的比例可达 80%~100%，多种环境因子可破坏染色体的稳定性，导致肿瘤发生。引起基因变化的因素往往会引发癌症的产生。有两类外部因子与癌症发展的相关性非常高：①化学致癌物（通常导致核苷酸序列的简单局部变化）；②辐射，如 X 射线（通常导致染色体断裂和易位）和紫外线（UV）（导致特定的 DNA 碱基改变）。

一个异常细胞发展成肿瘤，它必须将其异常传递给后代，那么异常必须是可遗传的。肿瘤细胞突变包含体细胞突变，它们在 DNA 序列中有一个或多个共享的可检测异常，这将它们与肿瘤周围的正常细胞区分开来。这种突变被称为体细胞突变，是因为它们发生在体细胞中，而不是在生殖系中。肿瘤发生也可以由表观遗传变化驱动。表观遗传是指在基因的 DNA 序列没有发生改变的情况下，基因功能发生了可遗传的变化，并最终导致了表型的变化。表观遗传的现象很多，已知的有 DNA 甲基化（DNA methylation）、基因组印记（genomic imprinting）、母体效应（maternal effects）、基因沉默（gene silencing）、核仁显性、休眠转座子激活和 RNA 编辑（RNA editing）等。多年来，病理学家一直在肿瘤活检中使用细胞核的异常来识别和分类癌细胞，特别是癌细胞可能含有异常大量的异染色质——一种间期染色质的浓缩形式，可以使基因沉默。这表明，染色质结构的表观遗传变化也会导致肿瘤细胞的表型变化。

肿瘤染色体异常可以分为两大类：染色体数目异常和染色体结构异常。

在许多肿瘤中，可以观察到肿瘤的染色体数目异常。肿瘤染色体数目异常通常包括两种：个别染色体增减和染色体成倍增减。正常人的体细胞染色体数目是 $2n$，而肿瘤细胞的染色体数目多数为非整倍体，包括超二倍体（hyper-diploid）（$N>46$）、亚二倍体（hypo-diploid）（$N<46$）和高异倍性（hyper-aneuploid）（$N=23n$）。肿瘤细胞染色体的增多、减少并不是随机的，许多肿瘤细胞比较常见的是 8 号、9 号、12 号、21 号染色体的增多，7 号、22 号、Y 染色体的减少。

肿瘤染色体结构异常包括易位、缺失、重复、环状染色体、双着丝粒染色体和倒位等各种类型。在约 1/3 的人类肿瘤中，第 17 号染色体的长臂（染色体 17p）都是缺失的，该长臂上含有多个肿瘤抑制基因。知名的 p53 基因定位于 17p13.3 区域，基突变可导致多种癌症发生。Ph 染色体，又称费城染色体。Nowell 和 Hungerford 于 1960 年发现慢性粒细胞白血病（CML）细胞中有一个小于 G 组的染色体，由于首先在美国费城（Philadelphia）发现，故命名为费城染色体。其染色体发生的突变是 9 号染色体与 22 号染色体交换染色体片段。新的重组基因具有酪氨酸激酶的活性，这是慢性粒细胞白血病的发病原因。Ph 染色体的重要临床意义在于：大约 95% 的慢性粒细胞性白血病病例都是 Ph 染色体阳性，因此它可以作为诊断的依据，也可以用以区别临床上相似，但 Ph 染色体为阴性的其他血液病（如骨髓纤维化等）。有时 Ph 染色体先于临床症状出现，故又可用于早期诊断。

肺癌是起源于肺支气管黏膜或腺体的恶性肿瘤，其发病率和死亡率近年增长最快，是对人群健康和生命威胁最大的恶性肿瘤之一。肺癌的主要症状有咳嗽、痰中带血或咯血、胸痛、呼吸困难等。生活中也有很多会导致肺癌的危险因素，比如吸烟、高温油烟、空气污染和化工原料、反应产物。肺细胞中染色体缺失，导致细胞缺失重要调控细胞生长周期的基因，从而使细胞生长不受控制，最终癌变。

肺癌可以分为两大类：小细胞肺癌（SCLC）和非小细胞肺癌（NSCLC），其中非小细胞肺癌又包括腺癌、鳞癌和大细胞癌等亚型。染色体的变化在肺癌的发生和发展过程中起着重要作用，但不同亚型的肺癌可能存在不同的染色体变化情况。肺癌细胞中常常出现染色体缺失（某些染色体片段丢失）或增多（某些染色体片段增多）。这些变化可能会导致肿瘤细胞的异常增殖和生存优势。一些关键基因的突变会促使正常细胞变成恶性肿瘤细胞。例如，*EGFR* 突变、*ALK* 基因重排、*ROS1* 基因融合等基因突变在 NSCLC 中比较常见，这些突变可以影响细胞信号传导和增殖，从而推动肿瘤的生长。细胞中染色体的变化可能导致与细胞周期、凋亡、DNA 修复等相关的蛋白质表达失衡，进而促进肿瘤细胞的增殖和生存。

传统上，基因组被认为是线性排列的，但现在越来越多的证据表明基因组在细胞核内呈现出高度组织化的三维结构，这对于基因的表达调控和细胞功能具有重要影响。前面我们主要从肿瘤染色体数目异常和染色体结构异常来了解肿瘤的染色体变化，肿瘤细胞的三维基因组结构在近年来引起了科研人员广泛的研究兴趣，这种结构有助于深入了解肿瘤的发展和进化机制。

三维基因组结构的研究主要依赖于高分辨率的染色体构象捕获技术，如 3C、4C、Hi-C 和单细胞 Hi-C 等。这些技术允许科研人员在细胞核内捕获不同染色体区域之间的物理相互作用，从而揭示基因组的三维结构。肿瘤细胞的三维基因组结构研究揭示了许多有趣的现象，比如增强子与靶基因之间的远程相互作用、染色质环的形成以及基因组重排等。在肿瘤发展过程中，三维基因组结构的异常变化可能导致基因的异常表达，进而影响细胞的增殖、分化和凋亡等生理过程，最终促进肿瘤的形成。许多肿瘤类型都表现出特定的三维基因组结构改变，这可能与肿瘤的分子亚型和临床特征密切相关。

6.1.3　遗传性肿瘤综合征

遗传性肿瘤综合征，顾名思义是遗传因素在肿瘤的发生中起重要作用的一类肿瘤。由于遗传性原因导致的某些染色体和基因异常，特别是常染色体及其上的基因，增加了个体罹患多种肿瘤的风险，病理学上称之为遗传性肿瘤综合征。这些综合征通常是由单个基因的突变引起的，这些基因参与了细胞的 DNA 修复、细胞周期调控、肿瘤抑制等重要过程。遗传性肿瘤综合征在家族中表现出特定的遗传模式，可能会导致多代人群中多种类型的肿瘤的聚集出现。家族性癌（familial carcinoma）指具有血缘关系的一个家族内多个成员患上的同一类型或同一系统的癌症。

遗传性肿瘤综合征分为常染色体显性遗传和常染色体隐性遗传两种。家族性视网膜母细胞瘤是一种常染色体显性遗传的遗传性肿瘤综合征，它是儿童最常见的眼内恶性肿瘤，临床表现为结膜内充血、水肿、角膜水肿等。该肿瘤的发病机制是13q14抑癌基因 *Rb1* 突变、失活，且易发生颅内及远处转移。着色性干皮病是一种常染色体隐性遗传的遗传性肿瘤综合征。家族性结肠息肉也是遗传性肿瘤的一种，别名家族性腺瘤样息肉症，发病率为 1∶10 000，临床表现为结肠和直肠多发性息肉；部分患者肿瘤恶变，90% 未经治疗的患者将死于结肠癌。

6.2 费城染色体

6.2.1 费城染色体与慢性粒细胞白血病

2018 年火爆的电影《我不是药神》讲述了一位药物代购者为了救治白血病患者走上非法药物销售之路的故事。这部电影通过引人入胜的情节和生动活泼的表演，展现了普通人面对高昂药物治疗的困境和压力。这部电影成功地引起了观众的共鸣和思考，成为一部具有社会意义和触动人心的作品，并引发了公众对医疗体系问题的广泛讨论。故事背后的慢性粒细胞白血病（CML）与费城染色体（Ph 染色体）之间的关联也逐渐被大众所知。费城染色体是一种特殊的异常染色体，具体表现为人类第 22 号染色体的一段基因组与 9 号染色体的一段基因组互换位置，形成一种称为 t（9;22）(q34;q11) 的染色体易位，这个易位导致一个称为 BCR-ABL 的融合基因产生。BCR-ABL 融合基因编码一种称为 BCR-ABL 的融合蛋白。这种蛋白拥有活化的酪氨酸激酶的能力，可以促进细胞异常增殖和生存，从而导致白血病细胞的异常增加。格列卫（甲磺酸伊马替尼）通过抑制 BCR-ABL 融合蛋白的活性，干扰了白血病细胞和肿瘤细胞的异常增殖，从而达到治疗慢性髓性白血病和某些胃肠道间质瘤的效果。

6.2.2 血液肿瘤

血液通过红细胞中的血红蛋白将氧气从肺部运送到身体各个组织和器官，同时携带着营养物质（如葡萄糖、氨基酸和脂肪酸）供给细胞代谢所需。血液中含有的白细胞和抗体等免疫细胞和免疫分子参与身体的免疫应答，帮助抵御病菌和病毒等的外来入侵。血液对于维持人体内环境稳态至关重要，血液肿瘤的产生严重危害人体健康。常见的血液肿瘤包括以下几种：白血病、淋巴瘤和骨髓瘤等。

白血病是德国医生鲁道夫·魏尔肖（Rudolf Virchow）于1845年首次描述和命名的。他观察到患者的骨髓中存在异常增多的白细胞，并将该病症命名为"白血病"，意为"白色血液"，以代指患者血液中异常增多的白细胞。

白血病是一组由骨髓或淋巴系统中的异常白细胞增殖而引起的恶性血液疾病。根据白血病细胞类型和发展速度的不同，可以将其分为以下几种主要类型。①急性淋巴细胞白血病（acute lymphoblastic leukemia，ALL）：ALL是白血病中最常见的儿童白血病类型，也可在成年人中发生。它起源于淋巴前体细胞，病情发展迅速。②急性髓细胞性白血病（acute myeloid leukemia，AML）：AML是一种在骨髓中发生的恶性肿瘤，起源于造血干细胞的成熟阶段，病情进展较快。③慢性淋巴细胞性白血病（chronic lymphocytic leukemia，CLL）：CLL是一种成人常见的白血病类型，起源于淋巴细胞的成熟阶段。相比急性淋巴细胞白血病，慢性淋巴细胞性白血病的发展较为缓慢。④慢性髓细胞性白血病（chronic myeloid leukemia，CML）：CML起源于骨髓中的造血干细胞，病情发展一般较缓慢。大部分CML患者具有一种特殊的遗传异常的染色体——费城染色体。

白血病的发病原因尚不完全清楚，但以下因素可能与白血病的发生有关。首先是遗传因素，某些遗传突变可能增加白血病发生的风险，但大多数白血病患者没有家族史。其次是环境因素，如接触某些化学物质、辐射和致癌物质可能会增加罹患白血病的风险。白血病细胞中染色体异常较为常见，这些异常对于白血病的分类和治疗具有重要意义。在CML细胞中，常见的是费城染色体，其t（9；22）染色体易位。在ALL细胞中，经常发生t（12；21）染色体易位，这是ALL最常见的染色体异常，涉及12号染色体和21号染色体的互换，结果是产生了ETV6-RUNX1融合基因，影响造血细胞的发育。在AML细胞中，常见t（8；21）染色体易位，涉及8号染色体和21号染色体的互换，产生RUNX1-RUNX1T1融合基因，影响造血细胞发育；同时，也可能出现t（15；17）染色体易位，这是急性早幼粒细胞白血病的典型遗传异常，涉及 15 号染色体和 17 号染色体的互换，导致 PML-RARA 融合基因的形成，影响细胞分化。在 CLL 细胞中，常见 del（13q）染色体缺失。这些染色体异常能够帮助医疗工作者对白血病患者进行分类、评估预后并制定个体化的治疗方案。检测这些异常通常使用染色体分析技术，如细胞遗传学分析、荧光原位杂交（FISH）或聚合酶链反应（PCR）等。对于一些特定的染色体异常，也可以应用靶向治疗药物以改善患者预后。

提到白血病的治疗，不得不说起砒霜治疗白血病的故事。砒霜，古时候又称为鹤顶红，化学名称为三氧化二砷（arsenic trioxide, ATO），是一种含有砷元素的无机物质。在医学上用于治疗急性早幼粒细胞白血病（APL）。三氧化二砷能够诱导癌细胞凋亡（细胞死亡），抑制其增殖，并调节白血病相关基因的表达。它常与全反式维甲酸（ATRA）联合使用，组成治疗 APL 的标准方案。三氧化二砷治疗白血病的方法是由张亭栋及其团队发现的。张亭栋教授的团队对三氧化二砷在急性早幼粒细胞白血病治疗中的潜力进行了深入研究。研究表明，三氧化二砷对于 APL 患者具有显著的疗效，并在临床实践中取得了重要的突破。他们的发现对全球范围内白血病的治疗产生了积极的影响，为患者提供了一种有效的治疗选择。同样，治疗 APL 的另一种药物——全反式维甲酸也是中国团队发现的，全反式维甲酸治疗 APL 是由王振义及其研究团队提出的。全反式维甲酸是一种维生素 A 的衍生物，能够促使罹患 APL 的白血病细胞分化成正常的粒细胞，从而恢复其正常功能。

淋巴瘤是一种影响淋巴系统的恶性肿瘤，它起源于淋巴组织中的淋巴细胞或淋巴母细胞。淋巴瘤可以分为霍奇金淋巴瘤（HL）和非霍奇金淋巴瘤（NHL）两大类。霍奇金淋巴瘤通常是在淋巴结中存在的异常免疫细胞（称为霍奇金细胞），而非霍奇金淋巴瘤则包括多个亚型，其特点是存在多种不同类型的淋巴细胞或淋巴母细胞。霍奇金淋巴瘤最早由英国医生 Thomas Hodgkin 于 19 世纪 30 年代发现并描述。他在对一些淋巴结肿大的患者进行研究时，发现这些患者的淋巴结中存在异常细胞，这种异常细胞后来被称为"霍奇金细胞"。当时，Hodgkin 注意到这些异常细胞与其他淋巴瘤形态学上的异常细胞不同，因此他将这种疾病命名为"霍奇金淋巴瘤"。这一发现成为淋巴瘤研究领域的重要里程碑，并且为淋巴瘤的分类和诊断奠定了基础。研究发现，约 85% 的霍奇金淋巴瘤患者的淋巴结中存在 EB 病毒（Epstein-Barr virus）的感染。而在非霍奇金淋巴瘤的细胞中，EB 病毒感染的比例较低。EB 病毒感染一般在儿童或年轻人中普遍存在，多数情况下并不引起疾病。然而，当免疫系统受损时，例如免疫缺陷、器官移植、HIV 感染、免疫抑制治疗等情况下，EB 病毒可能会导致霍奇金淋巴瘤的发生。EB 病毒感染可导致 B 细胞的异常增殖和免疫反应的失调，这可能是 EB 病毒与霍奇金淋巴瘤之间关联的重要因素。

骨髓瘤是一种恶性肿瘤，它起源于骨髓中的浆细胞。骨髓瘤可分为多发性骨髓瘤（multiple myeloma，MM）和单克隆免疫球蛋白病（monoclonal gammopathy of undetermined significance，MGUS）。MGUS 是一种良性疾病，而 MM 则是一种恶性疾病，容易发展为癌症。骨髓瘤的具体病因尚不清楚，但与一些风险因素有关，包括年龄（多发生于 50 岁以上的中老年人）、家族史、遗传因素和某些环境暴露等。常见的骨髓瘤症状包括贫血、骨痛、易骨折、反复感染、肾功能损害等。由于浆细胞在骨骼中大量增殖，可能导致骨骼的破坏和钙平衡紊乱。骨髓瘤的诊断通常需要通过多种检查手段来确认，包括血液检查、骨髓穿刺、骨骼 X 线、核磁共振（MRI）和骨髓活检等。骨髓瘤的治疗通常根据患者的年龄、健康状况和疾病严重程度进行个体化选择。常见的治疗方法包括化疗、放疗、靶向治疗、干细胞移植和免疫治疗等。新型的治疗药物如蛋白酶体抑制剂和免疫调节剂也逐渐得到应用。

6.2.3 血友病与 X 染色体隐性遗传疾病

血友病是一种遗传性疾病，主要影响到人体的凝血机制，导致患者容易出血。它主要分为 A 型血友病和 B 型血友病两种类型，其中 A 型血友病是最常见的，约占所有血友病病例的 80%。

1. 血友病的病因和遗传方式

血友病是由凝血因子缺乏或异常引起的。A 型血友病是由于凝血因子Ⅷ缺乏或异常，而 B 型血友病则是由于凝血因子Ⅸ缺乏或异常。这两种凝血因子的缺乏或异常都是由与 X 染色体相关的基因突变引起的，因此血友病主要通过 X 连锁遗传方式传递。男性通常更容易受到影响，因为他们只有一个 X 染色体，而女性则需要两个突变的 X 染色体才会表现出明显的症状。

2. 症状和临床表现

血友病的主要特征是凝血功能缺陷，表现为出血倾向。患者可能会在受伤后或进行外科手术时出现不易止血的情况。常见症状包括皮肤淤血、关节出血、鼻衄、牙龈出血等。严重的出血可能导致内脏出血、关节破坏和神经损伤等并发症。

3. 诊断

诊断血友病通常需要以下步骤：

（1）进行详细的家族史和个人病史的评估；

（2）凝血功能检查，包括测定凝血因子Ⅷ和凝血因子Ⅸ的活性水平；

（3）遗传测试以确认基因突变。

4. 治疗

治疗血友病的主要目标是控制出血事件并预防并发症的发生。常见的治疗方法包括以下几种：

（1）补充缺乏的凝血因子：患者可以使用人工合成的凝血因子来补充体内缺乏的凝血因子，这种治疗方法被称为凝血因子替代疗法。

（2）抗纤溶治疗：某些血友病患者可能同时存在纤维蛋白分解异常，抗纤溶治疗可以帮助抑制过度的纤溶作用。

（3）预防性治疗：对于重度和中度血友病患者，定期预防性治疗可以帮助减少出血事件的发生，并保护关节和内脏。

（4）生活管理：血友病患者需要采取一些生活管理措施来降低出血风险。

（5）避免受伤：避免从事高风险运动或活动，减少受伤的机会。

（6）调整饮食：摄入富含维生素 K 的食物，帮助促进凝血功能。

A 型和 B 型血友病均为 X 染色体隐性遗传。携带致病基因的女性与健康男性的后代中，男孩有 50% 的概率发病，女孩有 50% 的概率携带致病基因。而在患病男性与健康女性的后代中，男孩都不会发病，女孩都会携带致病基因。因此，A 型和 B 型血友病可能会出现在家族中，表现为隔代遗传。

6.3 肿瘤的基因治疗

6.3.1 肿瘤的传统疗法

我们的日常生活中充斥着许多致癌因素，前文提到了致癌因素主要分为物理性致癌因素、生物性致癌因素和化学性致癌因素三类。世界癌症研究基金会研究发现，长期不健康的饮食会提高患消化道肿瘤的风险，如食管癌、胰腺癌、结直肠癌。WHO 发布报告，饮用 65℃以上的热饮或者食物，会增加患食管癌的风险。长期熬夜会导致生物钟紊乱，使内分泌失调，性激素失衡，增加患乳腺癌、前列腺癌等的风险。美国的一项研究表明，久坐的人比常运动的人患结肠癌的可能性高40%~50%，男性还易罹患前列腺癌。

从古代的手术和草药治疗，到现代的精准医疗和免疫疗法，肿瘤治疗经历了漫长而复杂的历程。埃及和古希腊的医生曾尝试切除肿瘤，然而由于当时的医疗知识和卫生条件有限，手术往往效果有限且危险性高。草药的使用在当时是一种常见的治疗方法，但其效果不确定。

1845 年，英国外科医生约瑟夫·李斯特（Joseph Lister）首次使用麻醉剂进行肿瘤手术，这一创举极大地改善了手术的可行性和病人的生存率。1895 年，德国物理学家威廉·康拉德·伦琴（Wilhelm Conrad Röntgen）发现了 X 射线，这项发现在肿瘤的早期诊断中起到了重要作用。医生们开始使用 X 射线来检测和定位内部肿瘤。

20 世纪是肿瘤研究和治疗领域的革命性时期。1914 年，美国乔治医师（Dr. George N. Papanicolaou）首次提出了"涂片法"（pap smear），用于宫颈癌的早期筛查，这对于癌症的早期发现和治疗起到了巨大的作用。20 世纪 40 年代，放射治疗（简称放疗）和化学治疗（简称化疗）成为癌症治疗的重要手段。抗癌药物的研发，如氮芥和骨髓抑制剂，为肿瘤治疗带来了新的希望。1957 年，斯坦福大学放射学家 Henry Kaplan 成功完成了世界上首例基于直线加速器的肿瘤放射治疗。1971 年，美国总统尼克松宣布向癌症"宣战"，成立了国家癌症研究所（NCI），推动了癌症研究和治疗的大规模发展。20 世纪 80 年代，基因工程和分子生物学的发展为肿瘤研究提供了新的手段。人类基因组计划（Human Genome Project）的启动为癌症的个体化治疗奠定了基础。

21 世纪以来，随着生物技术、影像学、人工智能等技术的飞速发展，肿瘤的早期筛查、诊断和治疗手段得到了极大改进。个体化治疗和免疫治疗等新兴治疗方法也为许多患者带来了新的希望。虽然肿瘤学取得了巨大的进步，但对于某些类型的肿瘤，特别是某些罕见或复杂的肿瘤，仍然存在挑战。因此，持续的研究和创新仍然是未来肿瘤学发展的关键。

目前来说，乳腺癌、大肠癌手术的治愈率相当高。因用手可以摸到乳腺癌硬块，大肠癌会排血黏液，所以通过这些症状可在早期发现癌症。化学疗法单一药物对有适应证的肿瘤（如绒毛膜上皮癌、毛细胞白血病和慢性淋巴细胞性白血病）可取得痊愈。放疗在很多肿瘤治疗中早已成为主要治疗手段，比如鼻咽癌首选就是放射治疗。鼻咽癌采用放疗新技术以后，治愈率明显提高了，五年治愈率可以达到 80%~90%，同时各种放疗副作用也在减轻。

6.3.2 基因治疗发展史

传统肿瘤治疗手段存在诸多缺点，会误伤正常组织，且对肿瘤治疗效果有限，为此需要找到新的治疗手段，其效果需要快、准、狠，基因治疗应运而生。广义上，基因治疗是将某种遗传物质转移到患者细胞内，使其在体内发挥作用，以达到治疗疾病目的。

1963 年，乔舒亚·莱德伯格（Joshua Lederberg，因发现细菌遗传物质及基因重组现象而获得 1958 年诺贝尔生理学或医学奖，时年 33 岁，是最年轻的诺贝尔奖获得者之一）提出了基因交换和基因优化的理念。1972 年，基因治疗先驱 Theodore Friedmann 等在《科学》杂志上发表了一篇具有划时代意义的前瞻性评论 *Gene therapy for human genetic disease?* [7]。1977 年，科学家成功地利用病毒载体在哺乳动物细胞中表达基因。1979 年，Martin Cline 将人免疫球蛋白基因导入小鼠的骨髓细胞，用于缺陷小鼠的治疗。他成功地将生长激素基因移植到一只小鼠身上，创造了第一个转基因生物。

在 1983 年的冷泉港会议上，是否应该发展人类基因治疗已经不再是讨论的问题，取而代之的是应该如何发展和监管基因治疗的研发，什么时候有可能获得初步的成功。

1990 年 9 月 14 日，美国正式批准第一例基因治疗实验：因腺苷脱氨酶（ADA）缺乏导致的严重联合免疫缺陷（SCID）治疗。正常人的白介素和受体结合后发送信号，造血干细胞成熟，转变成 T 细胞和天然杀伤细胞。而 SCID 患者均具有 T 细胞和 B 细胞系统明显缺陷，不能自身合成免疫球蛋白，细胞免疫功能几乎完全缺失。基因治疗 SCID 的过程为：将逆转录病毒载体携带 ADA 基因，在患者体外导入患者淋巴细胞进行扩增，再输回患者体内，淋巴细胞 ADA 恢复至正常水平的 5%~10%，以维持免疫系统功能，改善患者症状，这种治疗方法治愈了 80% 的 SCID 病人。

1999 年，18 岁的 Jesse Gelsinger 在接受宾夕法尼亚大学 James Wilson 实验室

主导的试验性腺病毒基因治疗后死亡。美国食品药品监督管理局（Food and Drug Administration，FDA）中止了用逆转录病毒来改造血液干细胞基因的临床试验，基因治疗进入了相对黑暗的阶段。

2012年，Emmanuelle Charpentier、Jennifer A. Doudna和张峰三位科学家发明了CRISPR/CAS9基因编辑技术。同年，荷兰UniQure公司的Glybera在欧盟审批上市，以腺相关病毒（AAV）作为载体治疗脂蛋白脂肪酶缺乏引起的严重肌肉疾病，开启了基因治疗的新时代。2020年，法国科学家Emmanuelle Charpentier和美国科学家Jennifer A. Doudna获诺贝尔化学奖，以表彰她们开发出一种基因组编辑方法。

6.3.3 肿瘤的基因治疗

肿瘤的基因治疗是利用基因工程技术来治疗肿瘤的一种方法，旨在通过修改患者体内细胞或肿瘤细胞的基因，以达到抑制肿瘤生长、促进免疫系统攻击肿瘤细胞等治疗目的。基因治疗可以分为多种类型，如基因靶向治疗、免疫基因治疗、病毒载体基因治疗等。

20世纪末期，医学科学不断发展，专业人士对恶性肿瘤的发病原因进行了深入的研讨，基因致癌的机理慢慢清晰起来，基于致癌基因的高端生物技术不断应用于医学临床，分子靶向治疗——一种全新的治疗方法逐渐兴起。所谓的分子靶向治疗（molecular targeted therapy），是在细胞分子水平上，针对已经明确的致癌位点（该位点可以是肿瘤细胞内部的一个蛋白分子，也可以是一个基因片段），来设计相应的治疗药物，药物进入体内会特异地选择致癌位点结合并发生作用，使肿瘤细胞特异性死亡，而不会波及肿瘤周围的正常细胞，所以分子靶向治疗又被称为"生物导弹"。

进入21世纪，分子靶向治疗已经不再是一个新名词。科学家们在不断探索癌症的分子生物学发病机理时，意识到如果能够针对癌症的特异性分子变化给予有力的打击，将会大大改善治疗效果，这引发了抗癌治疗理念的变革。

一些常见的抗肿瘤血管生成药物有：贝伐珠单抗、帕唑帕尼和舒尼替尼。甲磺酸伊马替尼是第一个针对肿瘤生成机制研制出的分子靶向抗癌药。在甲磺酸伊马替尼诞生前，只有30%的慢性骨髓性白血病患者能在确诊后存活超过5年。甲磺酸伊马替尼将这一数字从30%提高到了89%，且在5年后，依旧有98%的患者取得了血液学上的完全缓解。

疫苗是一种经典给药方式，疫苗的作用原理是将肿瘤抗原导入患者体内，克服肿瘤引起的免疫抑制状态，激活患者自身的免疫系统，从而达到控制或清除肿瘤的目的。比如市场上常见的宫颈癌 2 价疫苗、4 价疫苗和 9 价疫苗。

溶瘤病毒（oncolytic virus）是优先感染并杀死肿瘤细胞的一类病毒。溶瘤病毒通过直接溶解肿瘤细胞或者刺激宿主产生抗肿瘤免疫反应来发挥溶瘤的功效。溶瘤腺病毒 H101（重组人 5 型腺病毒）是世界上首个被批准用于肿瘤治疗的溶瘤病毒药物。溶瘤腺病毒 H101 是经过特定基因改造的溶瘤腺病毒，可选择性杀伤 P53 基因突变的肿瘤，对 P53 基因正常的细胞无影响。黑色素瘤，通常是指产生黑色素细胞的一种高度恶性的肿瘤，与其他实体瘤相比，其致死年龄更低。恶性黑色素瘤除早期手术切除外，缺乏特效治疗，预后差。而第一个黑色素瘤疫苗——T-VEC 溶瘤病毒，可以通过免疫联合疗法治疗晚期黑色素瘤，使黑色素瘤患者有了新的希望。

免疫治疗是通过重新启动并维持肿瘤-免疫循环，恢复机体正常的抗肿瘤免疫反应，从而控制与清除肿瘤的一种治疗方法。卡尔·朱恩（Carl H.June）是免疫治疗领域的先行者，是 CAR-T 细胞疗法的创始人之一。

CAR-T 细胞疗法是一种个体化的免疫细胞治疗方法。它通过提取患者自身的 T 细胞，并经过基因工程改造，使其携带特定的抗原受体——CAR（嵌合抗原受体）。CAR-T 细胞可以识别和攻击表达目标抗原的肿瘤细胞，从而实现精准靶向治疗。

CAR 由两部分组成：外部是能够特异性识别肿瘤细胞表面抗原的单链抗体片段，内部则含有 T 细胞活化和增殖所需的信号传导结构。这样一来，CAR-T 细胞就能够通过 CAR 上的单链抗体片段与肿瘤细胞表面的抗原结合，并释放出杀伤信号，引发 T 细胞的免疫攻击。经过基因改造后，CAR-T 细胞被大量增殖并重新注入患者体内。一旦 CAR-T 细胞进入体内，它们会继续寻找并识别与 CAR 上抗体片段匹配的肿瘤细胞，然后释放出杀伤物质，直接攻击和摧毁肿瘤细胞。

美国的詹姆斯·艾利森（James P. Allison）与日本的本庶佑（Tasuku Honjo）因发现"负性免疫调节"治疗癌症的疗法获得 2018 年诺贝尔生理学或医学奖。本庶佑于 1992 年发现 T 细胞抑制受体 PD-1，2013 年依此开创了癌症免疫疗法。詹姆斯·艾利森主要以对 T 细胞抗原受体复合体、协同刺激分子受体以及刺激 T 细胞的其他分子的研究而知名。

免疫检查点抑制剂可以阻断肿瘤细胞与免疫细胞之间的通信通路，从而恢复和加强免疫细胞对肿瘤细胞的攻击能力。常用的免疫检查点抑制剂包括程序性死亡 -1（PD-1）抑制剂和细胞毒性 T 淋巴细胞抗原 -4（CTLA-4）抑制剂。

PD-1 治疗是一种免疫检查点抑制剂，用于肿瘤免疫治疗。PD-1 是人体免疫系统中的一种蛋白质，存在于活化的 T 细胞表面。它的主要功能是控制 T 细胞的免疫反应，避免过度的免疫活性引发自身免疫反应。在某些类型的肿瘤中，肿瘤细胞可以通过过度激活 PD-1 信号通路来逃避免疫系统的攻击，并保护自身免受免疫细胞的杀伤。这导致免疫细胞无法有效识别和破坏肿瘤细胞，从而导致肿瘤的生长和扩散。PD-1 治疗的原理是使用 PD-1 抑制剂药物将 PD-1 与其程序性死亡配体-1（programmed cell death 1 ligand 1，PD-L1）阻断，从而恢复 T 细胞对肿瘤细胞的免疫攻击能力。PD-L1 通常由肿瘤细胞或免疫细胞表达，与 PD-1 结合后抑制 T 细胞功能，使肿瘤细胞逃避免疫监视。通过使用 PD-1 抑制剂，可以解除 PD-1 与 PD-L1 之间的抑制作用，激活和增强免疫细胞（如 T 细胞）对肿瘤细胞的攻击能力。这种治疗方法使免疫细胞能够更好地识别和杀伤肿瘤细胞，促进抗肿瘤免疫反应的发生和持续。PD-1 治疗已经获得临床成功，在多种恶性肿瘤（如黑色素瘤、非小细胞肺癌、肾细胞癌等）的治疗中显示出显著的疗效。

参考文献

[1] HANAHAN D, WEINBERG R A. Hallmarks of cancer: the next generation [J]. Cell, 2011, 144(5): 646-674.

[2] NOTA N M, WIEPJES C M, DE BLOK C J M, et al. The occurrence of benign brain tumours in transgender individuals during cross-sex hormone treatment [J]. Brain, 2018, 141(7): 2047-2054.

[3] MARINO-ENRIQUEZ A, FLETCHER C D. Shouldn't we care about the biology of benign tumours [J]. Nature Reviews Cancer, 2014, 14(11): 701-702.

[4] 郭恒. 基于多波长光声效应的肿瘤诊断与治疗研究[D]. 成都: 电子科技大学, 2023.

[5] ALBERTS B, JOHNSON A, LEWIS J, et al. Molecular Biology of the Cell [M]. 4th ed. New York and London: Garland Science, 2003.

[6] 晏光荣. 染色体不稳定分子机制及其与肿瘤发生研究的新进展[J]. 癌症, 2004, (3): 353-357.

[7] FRIEDMANN T, ROBLIN R. Gene therapy for human genetic disease [J]. Science, 1972, 175(4025): 949-955.

第7章

染色体与发育

染色体是细胞内承载遗传信息的载体,对于生物发育和干细胞治疗都具有重要意义。在生物发育过程中,染色体的结构与功能对胚胎和胚胎干细胞的发育和分化起着关键作用。任何染色体异常都可导致发育缺陷和遗传性疾病。

干细胞治疗利用干细胞的自我更新和多向分化来修复和替代受损的组织和器官。在治疗过程中,干细胞的染色体在移植后需要继续保持正常的遗传结构和功能,以确保其在体内能够正确定位和发挥作用。因此,染色体的稳定性对于干细胞治疗的成功至关重要。

染色体的稳定性可以通过细胞核的修复和检测机制来维护。在干细胞治疗中,研究人员需要对干细胞进行全面的染色体分析,并确保干细胞具有正常的染色体组成和结构。这对于避免干细胞移植后发生异常以及与疾病相关的染色体变异至关重要。

因此,正确理解和维护染色体的稳定性是生物发育和干细胞治疗的重要环节。通过研究染色体在生物发育和干细胞治疗中的作用,可以更好地理解遗传机制和染色体变异对于发育缺陷和疾病的影响,从而不断改进干细胞治疗的安全性和有效性,实现更好的临床应用。

7.1 干细胞

7.1.1 干细胞的定义

干细胞是指具有自我更新能力和多向分化潜能的一类特殊细胞。它们能够不断地进行自我复制,产生新的干细胞,并且能够分化为多种不同类型的细胞。干细胞存在于人体各个组织和器官,以及胚胎早期的内细胞质团中。

干细胞的应用领域广泛,包括再生医学、组织工程、药物研发等。通过研究干细胞的潜能,科学家们可以探究人体发育、疾病的发生机制以及治疗方法。此外,干细胞还可以用于治疗各种疾病和损伤,例如心血疾病、糖尿病、神经退行性疾病等。

7.1.2　干细胞的特点

干细胞具备多向分化潜能,能够分化成各种不同类型的细胞,为组织和器官的形成提供基础。同时,它们具有自我更新的能力,能够持续地进行细胞分裂和更新,保持活力。这使得干细胞在无限增殖方面表现出卓越的特性,为生物体的维持和修复提供了潜在的可能。值得注意的是,由于其免疫原性较低,干细胞可能在移植和治疗过程中更容易被接受进而减少免疫排斥的风险。

7.1.3　干细胞的分化

在一定条件下,干细胞可以分化成多种功能的细胞。例如,小鼠胚胎干细胞可以分化为心肌细胞、造血细胞、卵黄囊细胞、骨髓细胞、平滑肌细胞、脂肪细胞、软骨细胞、成骨细胞、内皮细胞、黑色素细胞、神经细胞、神经胶质细胞、少突胶质细胞、淋巴细胞、胰岛细胞、滋养层细胞等。人类胚胎干细胞也可以分化为滋养层细胞、神经细胞、神经胶质细胞、造血细胞、心肌细胞等。

7.2　常见的干细胞

7.2.1　胚胎干细胞

胚胎干细胞是一类存在于早期胚胎、具有多分化潜能的细胞,能够在体外持续扩增且保持未分化状态。它们包括胚胎干细胞(embryonic stem cell)和胚胎生殖细胞(embryonic germ cell),分别来源于内细胞群和原始生殖细胞。这两种细胞在形态特征和表面标志性抗原上相似,均能表达高水平的碱性磷酸酶活性。在体外培养过程中,它们能够长期自我更新和复制,并保持正常核型,同时也具有发育全能性。

1981年，埃文斯（Evans）等首次成功分离和建立了小鼠胚胎干细胞系，1998年汤姆森（Thomson）等首次成功分离和建立了人胚胎干细胞系。

1. 胚胎干细胞的特征

在形态上，胚胎干细胞的体积较小，细胞核较大，并且具有一个或多个核仁。此外，胚胎干细胞在克隆的过程中紧密堆积，没有明显的界限，形状类似鸟巢。在生化方面，胚胎干细胞表现出碱性磷酸酶和端粒酶的活性。它们还表达一系列特定的抗原分子，如SSEA-3、SSEA-4、TRA-1-60等。此外，胚胎干细胞还表达OCT-4蛋白。其另一个重要特点是没有X染色体失活。

2. 胚胎干细胞的全能性体现

（1）形成胚层细胞：将胚胎干细胞接种到同源动物皮下，可形成内、中、外三种胚层细胞。

（2）形成类胚体：将胚胎干细胞在非黏附底物中悬浮培养生长，或控制增殖细胞数目，形成多种系混杂的集合体。

（3）直系分化：通过控制胚胎干细胞生长环境或遗传操纵特定基因表达，胚胎干细胞可直接分化为某特定种系细胞。新的胚胎干细胞建系后在体外生长时间越短，产生所有类型组织的可能性就越大。

（4）形成嵌合体：将胚胎干细胞注射到同种动物囊胚腔中，可形成嵌合体。胚胎干细胞或胚胎生殖细胞一旦分化即会丧失全能性，难以参与胚胎发育，形成嵌合体。

3. 胚胎干细胞分化的调控

胚胎干细胞分化实质是胚胎发育过程中特异蛋白质的合成。而任何特异蛋白质都是由它相对应的特异基因所决定，细胞分化可归结为基因组中特定基因按一定顺序相继活化和表达。胚胎干细胞能够在机体外保持未分化状态是因为有分化抑制因子的存在，如LIF、DIA等。在缺乏分化抑制因子的条件下，胚胎干细胞分化为各种细胞。

4. 胚胎干细胞定向诱导分化的途径

（1）细胞/生长因子诱导法

细胞/生长因子诱导胚胎干细胞分化的方法借助于维甲酸（RA）、骨形态发生蛋白（BMPs）和成纤维细胞生长因子（FGF）等的作用。维甲酸通过 RA 受体对胚胎干细胞进行神经分化的驱动作用。成纤维细胞生长因子信号可通过抑制骨形态发生蛋白表达来促进神经细胞的产生，而骨形态发生蛋白 4（BMP-4）则可诱导人类胚胎干细胞分化。研究显示多种细胞因子的合作能够提高胚胎干细胞定向诱导分化的效率，但关键在于确保这些因子在组合应用时具有一致的分化方向。

（2）转基因诱导法

转基因诱导胚胎干细胞分化的方法利用适当的病毒载体将细胞/生长因子基因导入胚胎干细胞，从而诱导细胞内因子的产生，实现细胞分化。这种方法具有高产量和优良纯度的优势，并且还可以利用信号转导因子的基因导入来有效促使胚胎干细胞向特定细胞类型分化。研究者利用腺病毒−5 载体（AdV-F/RGD）将人骨形成蛋白−2（BMP2）基因导入人骨髓间充质干细胞（hMSC）中。研究结果显示，在转染 BMP2 基因后，hMSC 的体外成骨活性增强，并且在异位模型中，与其他组相比，转染 BMP2 的 hMSC 在 1 周后诱导生成的新骨明显增多。

（3）细胞共培养法

细胞共培养法是一种重要的实验室技术，用于研究不同细胞类型之间的相互作用和交流。在细胞共培养中，细胞间可以通过直接接触或通过分泌的细胞因子进行通信和调节。卡夫曼（Kaufman）等通过将人胚胎干细胞与鼠骨髓细胞系 S17 或卵黄囊内皮系 C166 共培养，发现这种共培养可以促进人胚胎干细胞向造血前体细胞分化。

细胞共培养法的优势在于能够模拟组织和器官的复杂微环境，研究细胞之间的信号传递、相互作用以及细胞在复杂环境下的行为。这种方法对于揭示细胞间相互作用的调控机制、细胞通信网络以及细胞的发育、生长和功能具有重要意义。

7.2.2 间充质干细胞

间充质干细胞（MSC）是一类多能干细胞，属于中胚层细胞。它具备干细胞的核心特征，包括自我更新、多向分化和归巢能力。MSC 主要存在于结缔组织和器官间质中，其中骨髓组织中的含量最为丰富。常见的 MSC 类型包括骨髓间充质干细胞（BM-MSC）、脂肪间充质干细胞（AT-MSC）以及脐带间充质干细胞（UC-MSC）等。

1. 间充质干细胞的分化与应用

间充质干细胞具有令人叹为观止的多向分化能力，可以分化为神经、心脏、肝脏、骨、软骨、肌腱、脂肪、上皮等多种类型的细胞，这种多向分化的能力为治疗多种疾病提供了重要的资源。有研究人员发现，间充质干细胞不仅存在于骨髓中，还存在于骨骼肌、骨外膜和骨小梁中。在临床应用方面，间充质干细胞与造血干细胞的联合应用最为广泛，可以提高移植的成功率，并加速造血重建过程。特别是在患者接受大剂量化疗后，将间充质细胞与造血干细胞同时输入，可以明显减少患者血细胞的恢复时间，而且安全性好，没有不良反应发生。

2. 间充质干细胞的来源

间充质干细胞广泛分布于胎儿和成体的骨髓、骨膜、松质骨、脂肪、滑膜、骨骼肌、胎肝、乳牙、脐带、脐带血中，其中脐带来源的间充质干细胞质量高、纯净、数量多。

3. 间充质干细胞的特性

（1）间充质干细胞具有强大的增殖能力和多向分化潜能，在适宜的体内或体外环境下不仅可分化为造血细胞，还具有分化为肌细胞、肝细胞、成骨细胞、软骨细胞、基质细胞等多种细胞的能力。

（2）间充质干细胞具有免疫调节功能，通过细胞间的相互作用及产生细胞因子抑制T细胞的增殖及其免疫反应，从而发挥免疫重建的功能。

（3）间充质干细胞来源方便，易于分离、培养、扩增和纯化，多次传代扩增后仍具有干细胞特性，不存在免疫排斥的特性。

由于间充质干细胞所具备的这些免疫学特性，其在自身免疫性疾病以及各种替代治疗等方面具有广阔的临床应用前景。通过自体移植间充质干细胞可以重建组织器官的结构和功能，并且可避免免疫排斥反应。因此，间充质干细胞作为一种重要的细胞资源，在临床和研究领域都具有广泛的应用前景。通过深入了解间充质干细胞的特性和功能，我们可以进一步探索其在再生医学、疾病治疗和组织工程等方面的潜力，为人类健康做出更多贡献。

7.2.3 诱导多能干细胞

诱导多能干细胞（induced pluripotent stem cell，iPS cell）是通过基因转染技术，将某些转录因子导入动物或人的体细胞，使体细胞直接重构为与胚胎干细胞（embryonic stem cell，ESC）一样的多潜能细胞。最初是山中伸弥（Shinya Yamanaka）于 2006 年利用病毒载体将 4 个转录因子（Oct3/4、Sox2、Klf4 和 c-Myc）的组合转入分化的体细胞中，使其重编程而得到一种类似胚胎干细胞的细胞——诱导多能干细胞。

iPS 细胞不仅在细胞形态、生长特性、干细胞标志物表达等方面与胚胎干细胞非常相似，而且在 DNA 甲基化方式、基因表达、染色质状态、形成嵌合体等方面也与胚胎干细胞几乎完全相同。理论上如果用于医疗，可以治愈所有疾病。

（1）2006 年日本京都大学山中伸弥实验室在《细胞》上率先报道了 iPS 细胞的研究。他们把 Oct3/4、Sox2、Klf4 和 c-Myc 这四种转录因子引入小鼠胚胎或皮肤纤维母细胞，发现可诱导其发生转化，产生的 iPS 细胞在形态、基因和蛋白表达、表观遗传修饰状态、细胞倍增能力、类胚体和畸形瘤生成能力、分化能力等都与胚胎干细胞极为相似。

（2）2007 年 11 月，Thompson 实验室和山中伸弥实验室几乎同时报道，利用 iPS 技术诱导人皮肤纤维母细胞成为几乎与胚胎干细胞完全一样的多能干细胞。所不同的是山中伸弥实验室依然采用了用逆转录病毒引入 Oct3/4、Sox2、Klf4 和 c-Myc 四种因子组合，而 Thompson 实验室采用了以慢病毒载体引入 Oct4、Sox2 加 Nanoq 和 LIN28 这种因子组合。该研究成果被美国《科学》杂志列为 2007 年十大科技突破中的第二位。

（3）2008 年，哈佛大学乔治·戴利（George Daley）实验室利用诱导细胞重新编程技术把采自 10 种不同遗传病患者的皮肤细胞转变为 iPS 细胞，这些细胞将会在建立疾病模型、药物筛选等方面发挥重要作用。美国科学家还发现，iPS 细胞可在适当诱导条件下定向分化，如变成血细胞，再用于治疗疾病。哈佛大学另一个实验室则发现利用病毒将 3 种在细胞发育过程中起重要作用的转录因子引入小鼠胰腺外分泌细胞，可以直接使其转变成与干细胞极为相似的细胞，并且可以分泌胰岛素，有效降低血糖。这表明利用诱导重新编程技术可以直接获得某一特定组织的细胞，而不必先经过诱导多能干细胞这一步。

（4）2009 年，中国科学家于 2008 年 11 月利用 iPS 细胞培育出小鼠"小小"。

中国科学院动物研究所周琪研究员和上海交通大学医学院曾凡一研究员领导的研究组合作完成的工作表明，利用 iPS 细胞能够得到成活的具有繁殖能力的小鼠，从而在世界上第一次证明了 iPS 细胞与胚胎干细胞具有相似的多能性。科学家表示，这一研究成果表明 iPS 细胞或许同胚胎干细胞一样可以作为治疗各种疾病的潜在来源，这项研究被《时代周刊》列入 2009 年十大医学突破。

7.3　干细胞的临床应用

干细胞治疗是一种创新的治疗方法，通过干细胞移植来替代和修复患者损失的细胞，从而恢复细胞和组织的功能，达到治疗疾病的目的。干细胞治疗的主要形式包括干细胞移植、干细胞再生以及自体干细胞免疫疗法。1999 年和 2000 年，《科学》杂志连续两次将干细胞技术评为世界十大科学成就之一，这进一步凸显了干细胞治疗的重要性和潜力。干细胞治疗在生命科学、新药试验以及疾病研究等领域具有巨大的研究和应用价值。它已经广泛应用于医药再生细胞替代治疗和药物筛选等领域，并成为世界范围内备受关注的治疗方法和研究焦点。

在生命科学领域，干细胞治疗被视为一种前沿技术，能够帮助人们更好地理解细胞和组织的发育过程，揭示机体内部的生物学机制。它为深入研究人体器官发生、再生和疾病发展提供了强有力的工具和方法。在新药试验方面，干细胞治疗被广泛运用于药物研发和筛选过程中。通过使用干细胞模型，科学家可以评估药物的疗效和毒性，优化药物配方，并快速筛选出具有潜在治疗效果的候选药物。而在疾病研究领域，干细胞治疗为疾病的早期预防、诊断和治疗提供了新的途径。通过干细胞技术，研究人员可以模拟和研究多种疾病的发病机制，寻找新的治疗方法和药物靶点，为疾病的治疗和康复提供更好的解决方案。

7.3.1　干细胞疗法

（1）干细胞移植：泛指在患者接受超剂量化（放）疗后，将各种来源的正常造血干细胞通过静脉输注移植入受体内，以替代原有的病理性造血干细胞，从而使患者正常的造血及免疫功能得以重建。

（2）干细胞再生：利用干细胞的复制和再生能力治疗疾病的一种技术。目前临床上采用的干细胞多来源于骨髓中的造血干细胞,也称为自体骨髓干细胞再生术,或自体骨髓干细胞移植技术。

(3)自体干细胞免疫疗法:通过控制细胞因子,修复受损的组织细胞,然后通过细胞间的相互作用及产生细胞因子抑制受损细胞的增殖及其免疫反应,从而发挥免疫重建的功能。

7.3.2　干细胞治疗的疾病

代谢性疾病、内分泌系统疾病、葡萄糖代谢障碍和糖尿病是目前干细胞治疗中最受关注的四个领域,四者临床试验数量较为接近,均突破 200 例。自身免疫性疾病、Ⅱ型糖尿病、肌肉骨骼疾病、免疫系统疾病、中枢神经系统疾病和Ⅰ型糖尿病的干细胞治疗临床试验数量也已突破百例,关注度获得持续提升。另外,创伤与损伤、消化系统疾病也是干细胞治疗研究较广泛的领域,临床试验数量突破 50 例。整体来看,代谢性疾病、糖尿病和免疫系统疾病是关注的重点,也是未来有望获得快速突破的领域。

7.3.3　干细胞疗法在临床的应用

1. 干细胞治疗糖尿病

(1)胚胎干细胞/iPS 细胞诱导分化为 β 细胞:使用生长因子或化学药物(如 Wnt、骨形态发生蛋白、表皮生长因子、成纤维细胞生长因子,等等)可以激活诱导多能干细胞,通过多个发育阶段的分化和检测胰腺发育的关键转录因子的表达,最终分化为分泌胰岛素的 β 细胞。这些细胞能够分化为包括内分泌细胞在内的所有胰腺谱系。将胚胎干细胞植入糖尿病模型小鼠 16 天后,能够检测到宿主小鼠血糖水平的改善;将 β 细胞植入免疫缺陷小鼠 3~4 个月后,小鼠恢复葡萄糖刺激胰岛素分泌的能力。

(2)胰腺干细胞诱导分化为 β 细胞:成体胰腺干细胞在活体损伤及离体培养条件下均能产生胰岛素分泌细胞,肝干细胞、骨髓干细胞和肠干细胞等在特定离体培养条件下或经过遗传改造后也均可产生胰岛素分泌细胞,将这些干细胞来源的胰岛素分泌细胞移植到模型糖尿病小鼠中可以治疗糖尿病。因而,成体干细胞可以为细胞替代疗法治疗糖尿病提供丰富的胰岛供体来源。2009 年 6 月 19 日,39 岁的糖尿病患者郭女士在第三军医大学新桥医院成功接受自体骨髓干细胞移植手术。2010年5月，美国Oris公司开发的prochymal（异体骨髓来源的间充质干细胞）作为药物进行I型糖尿病治疗药物。

研究表明，在胰腺器官形成过程中，停止使用常用的BMP抑制剂可延缓胰腺内分泌体系的成熟；而用维甲酸处理后，联合使用EGF/KGF处理，能够有效地产生PDX1+胰腺干细胞，并进一步处理获得PDX1+/NKX6.1+胰腺干细胞。PDX1+/NKX6.1+胰腺干细胞能够在体外条件下激活并产生胰岛β细胞，表现出人类胰岛β细胞的关键特征。将处理获得的胰腺干细胞短期内移植到模型糖尿病小鼠中，能够保持β细胞功能并降低小鼠的血糖水平。

2. 干细胞治疗白血病

干细胞治疗已成为白血病的一种重要治疗方法。白血病是一种造血系统恶性肿瘤，干细胞移植的主要目的是替代受损或异常的造血系统，以恢复正常的造血功能。

干细胞移植主要分为自体干细胞移植和异体干细胞移植两种类型。干细胞移植对于白血病的治疗具有以下几个关键作用：首先，通过移植健康的干细胞，可替代受损的造血细胞，促进正常血细胞的生成，从而恢复患者的免疫系统；其次，干细胞具有自我更新和多向分化的能力，能够生成各类血细胞，包括白细胞、红细胞和血小板，从而重建健康的造血系统；最后，干细胞移植也可以利用供体的免疫效应，杀伤患者体内的残留白血病细胞，达到治疗的效果。

造血干细胞是各种血细胞与免疫细胞的起始细胞，具有不断自我复制和多向分化增殖的能力。在白血病的治疗过程中，可以进行造血干细胞移植，按造血干细胞取自骨髓、外周血、脐带血分为骨髓移植、外周血干细胞移植、脐带血移植。通常在年轻、高危患者化疗后缓解期进行移植，通过移植可以使白血病患者痊愈，达到长期生存的目的。例如，PH染色体阳性的急性淋巴细胞白血病是一种恶性程度很高的白血病，多见于中老年人，在过去3年中生存率不到20%，现在经过化疗联合靶向治疗和干细胞移植，成为预后较好的白血病之一。

近20年来，白血病的理论和临床研究大大改变了急性白血病的治疗现状。举例来说，小儿急性白血病在三四十年前只有3~6个月的生存期，随着化疗方案的改良，现在治愈率可达80%以上；成人的急性早幼粒细胞白血病通过诱导分化治疗，5年生存率可达80%~90%；其他类型的成人急性白血病仅使用化学治疗，5年生存率可达20%~40%，如果进行造血干细胞移植，5年存活率可达60%~70%。

3. 干细胞移植治疗神经系统疾病

干细胞治疗应用于神经退行性疾病的研究始于20世纪80年代，当时的帕金森（PD）患者接受了胎儿脑组织移植治疗。高木（Takagi）等在成功将猴子胚胎干细胞分化的多巴胺能神经元移植到帕金森患者的大脑后，患者表现出大脑功能恢复。如今，干细胞疗法为几乎所有形式的神经退行性疾病治疗都提供了有希望的策略，涉及神经组织的再生、稳定神经元网络、提供神经营养支持，并在不同神经元电路水平上缓解神经退化。例如，间充质干细胞作为卒中治疗最有前景的干细胞类型被广泛研究，这种干细胞具有神经保护、神经源性潜力和免疫调节功能，并已在亚急性、急性和慢性中风的模型动物中进行了广泛研究。在急性中风中，除了神经元死亡，炎症反应也被上调，导致损伤区域的缺氧组织破坏和细胞因子级联反应的发生，进而扩大了受损区域。间充质干细胞通过转运神经保护因子和免疫调节，可以减少炎症反应。此外，在中风慢性期输注间充质干细胞已被证明可以激活促进脑功能恢复的再生机制。这些干细胞可通过静脉内（IV）、动脉内（IA）或脑内（IC）注射给药。研究观察到输注间充质干细胞后，脑水肿和病变面积减少。再如，科学家们可以用间充质干细胞治疗帕金森病。研究表明，在帕金森模型动物中，间充质干细胞（MSC）的应用可以改善疾病引起的运动功能损害。通过全身注射人类MSC，可以减少大鼠帕金森疾病引起的不协调肢体运动，这与MSC受体纹状体中多巴胺水平的增加和多巴胺能神经元数量的增加相关，表明MSC具有再生作用。另外，直接将MSC注射到纹状体可以改善帕金森模型动物的运动活性，促进神经发生和神经祖细胞的迁移。研究还发现，间充质干细胞治疗可以抑制帕金森模型动物中α-突触核蛋白的传播，并增加抗凋亡因子B细胞淋巴瘤2（Bcl2）的表达。此外，经过MSC移植后，帕金森大鼠中促凋亡因子Bax的表达降低，进一步证明MSC具有细胞保护作用，在神经变性中发挥积极作用[1]。

4. 干细胞治疗缺血性心脏病

缺血性心脏病是临床常见病。虽然在治疗急性心肌梗死（AMI）方面已经取得了一些进展，包括药物治疗和介入手段（如搭桥手术和支架置入），但治疗由心肌组织损失和随后的组织重塑引发的心力衰竭（HF）仍然存在挑战。由于心肌细胞的再生能力非常有限，心脏移植目前是治疗终末期缺血性心脏病的唯一选择。因此，迫切需要开发新的治疗方法来应对缺血所致的心力衰竭，以满足临床上的需求。干细胞治疗心脏病因此受到广泛关注。

细胞移植是修复心肌组织损伤最有希望的治疗方法。骨髓间充质基质细胞（BMSC）已被广泛用于治疗心力衰竭，在动物和临床研究中取得了积极成果。近年来，诱导多能干细胞（iPSCs）和胚胎干细胞（ESCs）也成为治疗心肌梗死的可选方法。基于干细胞的疗法已在多个临床试验中作为急性心肌梗死（AMI）的辅助治疗。除了 iPSCs，骨髓间充质干细胞（MSC）被视为用于心血管修复的最有效的成体干细胞之一。BOOST 试验显示，在经皮冠状动脉介入治疗 AMI 后，接受自体骨髓来源的 MSC 治疗的患者左室射血分数（LVEF）提高了 6.7%，而对照组为 0.7%。POSEIDON 试验比较了心肌梗死后，患者接受自体和同种异体骨髓来源的 MSC 治疗效果，结果显示接受 MSC 的患者射血分数有所改善。

针对缺血性心肌病（SCIPIO）的干细胞输注是一项 I 期临床试验，医生针对接受冠状动脉旁路移植术（CABG）的 HF 患者进行了心肌干细胞（CSC）治疗。结果显示，输注后 4 个月和 12 个月的左室射血分数（LVEF）增加，并且梗死面积减小。另一项 I 期试验（CADUCEUS）研究了从经皮心内膜心肌活检中生长的自体细胞的应用。MRI 结果显示，治疗组在治疗后 6 个月瘢痕肿块减少，活动心肌质量和收缩力增加。第一个胚胎干细胞（ESC）临床试验名为 ESCORT，旨在研究 ESC 衍生的干细胞对严重心力衰竭的影响。该实验首次临床病例报告于 2015 年发表在核酸研究杂志上。这些细胞被包埋在纤维蛋白凝胶中，然后通过心外膜给药系统输送给接受 CABG 或二尖瓣手术的患者。这些研究使人们对干细胞治疗心脏病的前景充满了期待[2]。

7.4 染色体与生物的发育

染色体在干细胞干性的维持与分化的发生等方面发挥了极其重要的调控作用，同样的，在生物的发育过程中，伴随着细胞的增殖、分化，染色体也同样具有复杂的变化与重要的功能。

在人类的生命旅程中，染色体扮演着一种神秘而重要的角色。它们是细胞核中的遗传信息携带者，以非常精确的方式指导着我们从受精卵到成熟个体的发育。染色体与发育之间的紧密联系一直是生物学领域的重要研究课题，对于我们深入了解生命奥秘和解开遗传谜团具有不可估量的意义。

染色体是细胞中遗传信息的核心结构。它们位于细胞核内,由蛋白质和 DNA 组成。每个人体细胞中都包含 23 对染色体,包括 22 对常染色体与 1 对性染色体。然而,在人类生殖细胞——精子和卵子中,只包含一半的染色体数量,即 22 条常染色体和 1 条性染色体(X 或 Y)。当精子和卵子结合时,它们将其染色体合并,形成一个新的完整的染色体组合,即受精卵。

在受精卵形成之后,染色体开始在发育过程中发挥着关键的作用。在细胞分裂过程中,染色体必须按照严格的顺序和方式复制并分配给新生的细胞。这确保了每个细胞都拥有与母细胞相同的遗传信息,从而保持身体各部分的协调和功能正常。同时,染色体还负责激活和抑制不同基因的表达,这对于组织形成和器官发育至关重要。在发育过程中,不同的细胞需要不同的基因表达模式,从而分化成不同的细胞类型,并最终形成组织和器官。

然而,染色体在发育过程中的作用远不止于此。在减数分裂过程中,染色体经历着特殊的遗传重组事件,称为交叉互换。这个过程导致了染色体上的基因重新组合,增加了后代的遗传多样性。这就是为什么兄弟姐妹之间会有一些相似但又不完全相同的特征。染色体的交叉互换是生物多样性和进化的基础,也是自然选择发挥作用的前提。

在染色体与发育的联系中,还有一些非常重要且尚未研究清楚的现象,例如染色体不平衡现象,即染色体在发育过程中发生缺失、重复或移位等变异,导致一些遗传疾病的产生。例如唐氏综合征和 18 三体综合征就是由于染色体上的缺失或重复而引起的。这些疾病给患者及其家人带来了巨大的身体和心理负担,科学家们正在深入研究染色体与发育之间的关联,寻找治疗和干预的方法。

综上所述,染色体与发育之间的联系是生物学领域中的一个重要研究方向。染色体在减数分裂和受精卵细胞生成过程中的变化是解开生命之谜的关键,它们在发育过程中发挥着关键作用,指导着每个生物从受精卵到成熟个体的生长和发育。同时,染色体的变异也可能导致遗传疾病的产生,对人类的健康和生命质量造成影响。通过深入研究染色体与发育之间的关联,我们可以更好地了解生命的奥秘,为未来医疗的发展和疾病的治疗提供更多可能性。

7.4.1 减数分裂

减数分裂是生物发育过程中的关键步骤,是染色体在细胞分裂中的特殊变化。

在减数分裂中，染色体复制后，形成一对姐妹染色单体，然后发生分裂，将这对姐妹染色单体分配到不同的子细胞中。这个过程导致了遗传物质的重新组合，使得后代细胞具有更多的遗传多样性。同时，减数分裂过程中的遗传重排，即交叉互换，也为后代个体的多样性和进化提供了基础。减数分裂的复杂性和精确性，决定了染色体在发育中的重要作用，是探索生命之谜的重要一环。

回溯至 1876 年，德国生物学家奥斯卡·赫特维希的发现标志着减数分裂研究的起点。他在海胆的卵细胞中观察到了一种独特的减数分裂现象。随后，比利时动物学家爱德华·凡·贝内登于 1883 年进一步描述了蛔虫卵细胞中染色体的减数分裂，丰富了研究者对此现象的认识。然而，直到 1890 年，德国演化生物学家奥古斯特·魏斯曼的研究才真正揭示了减数分裂在繁殖和遗传中的重要性。他指出，为了在生物进化中保持细胞染色体数量的稳定，必须将双倍体细胞转化为四个单倍体细胞，形成有性生殖所需的配子。这一发现深刻地改变了人们对生物繁殖和遗传的理解，为后续的研究奠定了坚实的基础。

1911 年，美国遗传学家托马斯·亨特·摩尔根在其对黑腹果蝇的研究中取得了重大突破。他观察到了减数分裂过程中染色体的互换现象，这一发现为遗传性状在染色体之间的传递提供了关键支持。摩尔根的研究揭示了遗传信息如何通过染色体的重组和交换来传递，深刻影响了我们对遗传学和遗传变异的认识。这一发现奠定了进一步探索遗传信息传递机制的基础，开启了遗传学研究的新篇章。

"减数分裂"这一术语是在 1905 年由 J. B. 费默和 J. E. S. 莫尔提出的。他们用希腊文的 "μείωσις" 来描述这一细胞过程，有减量、减少的含义。

减数分裂的发现和研究吸引着众多科学家的目光，这一细胞分裂过程的解析深刻地影响了人们对生物学的认知。不仅为后续的科学研究提供了重要的指导，也为我们对生命奥秘的探索开辟了新的视野。减数分裂的发现，对发育和遗传学的研究具有至关重要的作用，同时也让我们对生命的多样和奇妙充满探索的欲望。

7.4.2　减数分裂的不同时期

减数分裂是生物体繁殖过程中重要的细胞分裂类型，可以分为两个阶段——间期和分裂期。分裂间期分为生长 1 期（G1 期）、合成期（S 期）和生长 2 期（G2 期）。在 G1 期，细胞高度活跃，合成许多蛋白质和酶。S 期是遗传物质复制阶段，染色体复制成两个姐妹染色单体，通过着丝粒连接。值得注意的是，G2 期不存在于减数分裂中。

理论上来讲，减数分裂Ⅰ是将复制后的同源染色体分离到两个子细胞中，每个子细胞的染色体数量为一半。减数分裂Ⅱ中，姐妹染色单体解耦，产生的子染色体分离到四个子细胞中。对于二倍体生物，减数分裂产生的子细胞是单倍体，每条染色体包含一倍的遗传物质。在某些物种中，细胞会进入减数分裂Ⅰ和减数分裂Ⅱ之间的静止期，即间期Ⅱ。

减数分裂Ⅰ和减数分裂Ⅱ的每个阶段都可以进一步分为前、中、后和末四个阶段，与有丝分裂细胞周期的阶段相对应。因此，减数分裂包含了减数分裂Ⅰ（前期Ⅰ、中期Ⅰ、后期Ⅰ、末期Ⅰ）和减数分裂Ⅱ（前期Ⅱ、中期Ⅱ、后期Ⅱ、末期Ⅱ）。这一复杂的细胞分裂过程在生物体的发育和繁殖中有着至关重要的作用，为生物学研究提供了重要的线索和理论基础。

减数分裂过程与有丝分裂大致相似，但是减数分裂Ⅰ的前期非常具有代表性。其最初阶段称为细线期（leptotene），它源自希腊文中的"细丝"，是减数分裂中的关键阶段。在细线期，染色体线性排列成细线，每个染色体由两个姐妹染色单体组成。细胞内的调控因子确保染色体形成准确的细线结构，为后续分离和遗传信息交换做准备。

成对丝状期，又称为偶线期，是减数分裂Ⅰ前期的第二个重要阶段。在这个阶段，同源染色体逐渐排列成对，并通过联会复合体形成稳定的配对。这些成对的染色体被称为二价染色体或四分体。

之后是粗线期，在这个阶段，所有染色体都发生联会，即同源染色体之间形成紧密配对，而在此时便可能发生交叉互换。在粗线期，通常大部分DNA双链断裂都被修复，然而，少数断裂在非姐妹的同源染色体之间形成交叉，导致遗传信息的交换。尽管同源染色单体之间发生信息交换，但整条染色体仍保持其之前的完整信息集，不会形成缺失。由于在联会复合体中无法区分染色体，因此普通光学显微镜无法直接观察到交叉互换，直到下个阶段——双线期。

双线期得名于希腊语的"两条线"。在这个阶段，联会复合体开始解体，使得同源染色体略微分开。然而，每个二价的同源染色体在上个阶段进行交叉互换的地方保持紧密结合，直到减数分裂Ⅰ后期，当同源染色体移动到细胞的相反两极时，交叉互换的状态才结束。值得注意的是，在人类卵子发育中，所有的卵母细胞都会发展并停止于这个阶段。这段停滞的时期被称为核网期，其持续时间较长，直到青春期或更晚的时候，减数分裂才重新开始。

最后是终变期，此时染色体完全进入四分体的形态，可以清晰地看见其四个部位。终变期的特征与有丝分裂的前中期相似，包括核仁的消失、核膜的分解以及纺锤体的开始形成。

7.4.3 早期胚胎发育中的染色体变化

在减数分裂期间，染色体发生了巨大的变化，为遗传信息的稳定传递奠定了基础。而在之后的受精卵诞生、胚胎发育过程中，染色体的状态变化依然起到了十分重要的作用。

早期胚胎发育是指受精卵形成后，经历了一系列细胞分裂和细胞分化，最终形成胚胎的过程。这些变化对于胚胎的正常发育和细胞命运起着至关重要的作用。

受精卵形成后，通过细胞分裂，会形成一个由多个细胞组成的囊胚。在早期胚胎发育的初始阶段，细胞分裂相对较快，称为快速细胞分裂。在这个过程中，受精卵的细胞核会不断地进行有丝分裂，形成越来越多的细胞。细胞每次分裂都会产生两个细胞。

在快速细胞分裂过程中，染色体会发生复制，从而在细胞分裂时保持染色体数量的稳定。每个细胞都会继承双倍体的染色体数目，也就是说，每个细胞都有与受精卵相同数量的染色体。

随着细胞分裂的进行，胚胎会经历细胞分化的过程，其中不同的细胞开始表达不同的基因，并逐渐形成胚胎的不同组织和器官。细胞的命运由染色体上的基因表达调控所决定。

在早期胚胎发育中，染色体上的表观遗传学修饰起着重要的作用。这些修饰可以影响基因的表达，从而决定细胞的命运[3]。例如，DNA 甲基化是一种常见的表观遗传学修饰，可以沉默或激活基因的表达。这种修饰可以在细胞分裂过程中传递给后代细胞，从而影响细胞的命运[4]。

总体而言，在早期胚胎发育中，染色体发生了复制和分裂，细胞分化和细胞命运的决定受到了表观遗传学修饰的调控。这些变化对于胚胎的正常发育和组织形成起着关键作用，为新生命的形成奠定了坚实的基础。

7.4.4 染色体异常与发育缺陷

染色体异常是指在染色体的数量或结构上发生的变异，这种变异可能会影响胚胎发育并导致发育缺陷。正常的人类细胞包含 23 对染色体，其中包括 22 对体染色体和 1 对性染色体（女性为 XX，男性为 XY）。然而，在受精过程或胚胎发育的早期阶段，染色体异常可能会发生。

染色体异常主要分为染色体数目异常和染色体结构异常两种。常见的染色体数目异常有三体综合征（如唐氏综合征，患者有 3 个 21 号染色体）、18 三体综合征（患者有 3 个 18 号染色体）和 13 三体综合征（患者有 3 个 13 号染色体）。这些异常一般是由于在受精过程中，精子或卵子带有额外的染色体，导致受精卵的染色体数目不正常。另一种染色体数目异常是单体体细胞型，即某个细胞只有一个染色体而不是一对。这种异常通常是由于在早期细胞分裂过程中，染色体没有正确分离。

染色体结构异常包括染色体缺失、重复、倒位和易位等。这些异常可能导致染色体上的基因缺失或复制，进而影响基因的表达和功能。染色体结构异常还包括染色体断裂和交叉互换。这些异常在细胞分裂过程中可能导致染色体上的遗传信息重组，以及新的基因组合和表达，从而影响胚胎的发育过程。

染色体异常与胚胎发育缺陷之间存在密切的关系。染色体异常可能导致胚胎发育不正常。在早期胚胎发育过程中，如果染色体数目或结构异常，可能会导致胚胎停止发育或发育异常，最终导致自然流产。对于存活下来的胚胎，染色体异常可能会导致先天性缺陷和发育障碍，包括智力障碍、生长迟缓、心脏畸形等。

然而，染色体异常并不是所有胚胎发育缺陷的唯一原因。其他因素，如环境因素和基因突变，也可能导致胚胎发育异常。及早检测和诊断染色体异常对于预防胚胎发育缺陷非常重要。对于高风险的孕妇，进行产前遗传学检测可以帮助及早发现染色体异常，采取相应措施，以保障胚胎和婴儿的健康。

产前诊断在染色体遗传病的检测中发挥着至关重要的作用。产前诊断在染色体遗传病的检测中主要采用羊水穿刺、绒毛取样和无创产前基因检测等方法。这些方法可以从羊水或胎儿的绒毛组织中提取胎儿的 DNA 样本，进行染色体分析和基因检测。通过这些检测，可以准确地确定胎儿是否携带染色体遗传病。

染色体遗传病通常在胚胎发育的早期阶段就已经存在，但在出生后才表现出症状。因此，通过产前诊断及早发现染色体遗传病，可以让家长有足够的时间做出医疗决策。对于携带染色体遗传病的胎儿，家长可以选择终止妊娠或者做好充分的准备来迎接有特殊需求的孩子。此外，产前诊断还有助于高风险家庭进行遗传咨询，帮助他们理解遗传风险，降低再次出现染色体遗传病的可能性。

参考文献

[1] ANDRZEJEWSKA A, DABROWSKA S, LUKOMSKA B, et al. Mesenchymal stem cells for neurological disorders [J]. Advanced Science(Weinh), 2021, 8(7): 2002944.

[2] YU H, LU K, ZHU J, et al. Stem cell therapy for ischemic heart diseases [J]. British Medical Bulletin, 2017, 121(1): 135-154.

[3] STEWART R, STOJKOVIC M, LAKO M. Mechanisms of self-renewal in human embryonic stem cells [J]. European Journal of Cancer, 2006, 42(9): 1257-1272.

[4] MATTOUT A, MESHORER E. Chromatin plasticity and genome organization in pluripotent embryonic stem cells [J]. Current Opinionin Cell Biology, 2010, 22(3): 334-341.

第 8 章

染色体与免疫治疗

病毒和染色体之间存在广泛的相互作用。病毒感染不仅可以影响染色体的结构和功能，还可以干扰基因表达调控，引起基因组的不稳定，并影响免疫应答。

8.1 病毒感染与染色体

8.1.1 病毒感染

染色体是细胞内基因组的组织形式，病毒感染宿主细胞时可以侵入细胞核并与染色体相互作用，例如逆转录病毒通过逆转录过程将其基因组插入宿主染色体中。这种相互作用可以影响染色体的结构和功能，进而对细胞生理过程产生影响。

举例来说，EB 病毒（EBV）是一种致癌疱疹病毒，与多种淋巴细胞癌和上皮癌相关。EBV 编码的蛋白质 EBNA1 与 *EBV* 基因组中的 20 个碱基对回文序列有 18 个拷贝结合。EBNA1 还与宿主染色体上的非序列特异性位点相关，从而实现病毒感染的持久性。研究发现，EBNA1 的特异性 DNA 结合结构域与 *EBV* 基因组的 18 个碱基对不完美回文序列的串联重复拷贝簇结合，这一序列位于人类染色体 21q11 处，长度约为 23 kb 个碱基。通过原位可视化的重复 EBNA1 结合位点，揭示了有丝分裂染色体上的异常结构，这些染色体具有固有的脆弱 DNA 的特征。实验证明，增加 EBNA1 结合水平会在 11q23 处触发剂量依赖性断裂，产生含有梭原着丝粒的片段和无中心远端片段，两者在下一个细胞周期中错误地分离成微核。在潜伏感染 EBV 的细胞中，将 EBNA1 丰度提高两倍就足以触发 11q23 的断裂。对 EBV

相关鼻咽癌的全基因组测序显示，结构变异在 11 号染色体上高度富集。EBV 的存在也被证明与来自 11 种癌症的 2439 个肿瘤的 38 号染色体重排的富集有关。此外，研究发现，在 B 细胞感染或裂解物再激活时，EBV 会耗尽黏结素 SMC5/6，该黏结素在染色体维持和 DNA 损伤修复中起主要作用。主要的被膜蛋白 BNRF1 通过依赖钙蛋白酶蛋白水解和 Cullin-5 的泛素蛋白酶靶向 SMC5/6 复合物。CRISPR 分析确定了参与 DNA 捕获和 SUMO 化中的 SMC5/6 组分的 RC 限制作用。该项研究强调 SMC5/6 作为人类疱疹病毒 RC 的内在免疫传感器和限制因子，对 EBV 相关癌症的发病机制具有影响 [1]。

另一种常见的与染色质相关的病毒是马立克氏病病毒（MDV），这是一种致癌的 α 疱疹病毒，会导致鸡 T 细胞淋巴瘤的发展。MDV 与水痘-带状疱疹病毒具有最近的同源性。已经证明，MDV 感染通常会导致 MDV 全部 DNA 整合到鸡染色体中，而对特定染色体没有偏好。整合位点优先位于端粒区域内染色体末端附近。MDV 基因组整合到鸡染色体中的确切机制尚不清楚。有趣的是，与非致癌性 MDV 菌株不同，致癌 MDV 菌株编码与鸡 TR（cTR）基因共享 88% 序列同一性的 RNA 端粒酶亚基（病毒 TR[vTR]）。vTR RNA 的二级结构与 cTR RNA 非常相似，并且可以在功能测定中补充端粒酶逆转录酶（TERT）。TERT 是使用单链 RNA（TR）作为模板产生单链 DNA 的酶。在此过程中，TERT 将六核苷酸重复序列 5'-TTAGGG（在所有脊椎动物中）添加到染色体的 3' 链中 [2]。

8.1.2 基因表达调控

病毒侵染后会利用宿主细胞的基因表达机制进行自身复制和繁殖。染色体上的基因通过启动子、转录因子和调节序列等实现其正常表达调控。某些病毒可以与染色体相互作用，干扰或改变宿主细胞中的基因表达调控网络，这可能导致细胞功能异常，甚至引发病理过程。

例如，HHV-6 属于疱疹病毒家族，是一种可以在宿主基因组中整合的病毒。关于 HHV-6 基因组的第一份研究报告可以追溯到 20 世纪 90 年代初期至中期，当时 Luppi 等首次证明了从新鲜分离的外周血单核细胞（PBMC）中提取的 DNA 中存在部分甚至全部整合的 HHV-6 基因组。随后根据世界各地的研究估计，全球患有持续性 CIHHV-6（人疱疹病毒 6 型）的人群比例大约为 1%，且没有明显的疾病关联。HHV-6 的 A 和 B 两个变体都具备整合到人类基因组的能力。整合病毒的患病率不仅远高于其他人类疱疹病毒，而且主要的区别在于可观察到CIHHV-6存在于身体的每个细胞核，从毛囊到PBMC。

一种常见的机制是通过病毒编码的蛋白质干扰细胞的转录因子、转录调节因子或信号转导通路，从而改变宿主细胞基因的转录活性。病毒蛋白可以与宿主细胞的转录因子相互作用，阻止它们与DNA结合或者改变它们的功能，从而干扰正常的基因表达调控。例如，干扰素调节因子（IRF）是一组转录因子，参与调控干扰素（IFN）和其他基因的表达。这些基因可能在中枢神经系统的抗病毒防御中扮演重要角色，近期研究表明病毒侵染后IRF基因的表达调控发生显著变化。研究发现，在未感染的小鼠大脑中，几个IRF基因（包括IRF-2,-3,-5,-7和-9）的表达水平较低。但在颅内感染淋巴细胞性脉络丛脑膜炎病毒（LCMV）2天时，IRF-7和IRF-9基因的表达显著增加。在LCMV感染的大脑中，IRF-7和IRF-9基因在浸润的单核细胞、小胶质细胞/巨噬细胞和神经元中表达水平最高。在IFN-γ敲除（KO）感染的LCMV感染脑中，IRF-7和IRF-9基因表达增加，但在IFN-α/β受体KO动物中没有增加[3]。

此外，病毒还能够通过改变宿主细胞的表观遗传修饰来影响基因表达。表观遗传修饰包括DNA甲基化、组蛋白修饰和非编码RNA的调控等，可以调节基因的可及性和表达水平。病毒感染可以改变这些表观遗传修饰模式，从而影响宿主细胞的基因表达。举例来说，小鼠多瘤病毒（MPyV）可裂解感染小鼠细胞，转化培养中的大鼠细胞，并且在啮齿动物中具有高度致癌性。科学家们使用深度测序方法在感染后的不同时间跟踪小鼠NIH3T6细胞的MPyV感染，并分析病毒和细胞转录组。测序读数与病毒基因组的比对显示了早期到晚期转换的转录谱，早期链和晚期链RNA在所有时间点都被转录。到感染后期，359个宿主基因显著上调，857个下调。基因本体分析表明，参与翻译、代谢、RNA加工、DNA甲基化和蛋白质周转的转录本上调，而参与细胞外黏附、细胞骨架、锌指结合、SH3结构域和GTP酶活化的转录本下调。许多长非编码RNA的水平也发生了变化。参与剪接斑点并用作许多晚期癌症标记的长非编码RNA *MALAT1* 明显下调，而其他几种丰富的非编码RNA则强烈上调。

综上所述，病毒侵染与基因表达调控密切相关，病毒可以通过多种机制干扰宿主细胞的基因表达，以促进自身的复制和传播。

8.1.3 基因组稳定性

病毒感染可能导致基因组的不稳定，目前已知的一部分病毒可以攻击人类基因组，其中最常见的是逆转录病毒和类似逆转录病毒。逆转录病毒通过将其基因组逆转录成 DNA，然后插入宿主染色体，可能引起染色体的重组、缺失或重复等结构异常。这些异常可能对宿主细胞的基因组稳定性产生不良影响，甚至引起致命的基因突变。这些病毒在感染人类细胞时，通过逆转录过程将其 RNA 基因组转录成双链 DNA，并将该 DNA 插入宿主细胞的基因组中。

逆转录病毒利用自身的逆转录酶合成 DNA，形成病毒的 DNA 拷贝，然后将其插入宿主细胞的染色体中。这样一来，病毒基因组被集成到宿主基因组中，每当宿主细胞复制自身的 DNA 时，它也会复制病毒基因组，并通过细胞分裂将病毒遗传给后代细胞。

这种攻击方式使得病毒基因组成为宿主基因组的一部分，因此难以根除。被插入的病毒基因组有时可以影响相应基因的表达，导致细胞功能异常或引发疾病。逆转录病毒还可以通过间接机制对基因组功能产生影响，例如干扰细胞 DNA 修复机制或增加细胞突变率。

研究表明，人类逆转录病毒通过编码阳性单链 RNA 基因组实现复制。这些病毒的基因组大小在 1~2.1 kB 不等，如 HIV 和 HTLV。所有人类逆转录病毒基因组都含有保守基因组，包括 gag、pol 和 env。其中，gag 是主要结构蛋白，pol 是包括蛋白酶、逆转录酶和整合酶等的多蛋白质，env 则是包膜蛋白。此外，人类逆转录病毒还编码多种具有不同功能的辅助蛋白。例如，HIV-1 和 HIV-2 编码 *Tat* 和 *Rev*，而 HTLV-1 编码 *Tax* 和 *Rex* 以调控基因表达。还有其他附属基因，如 HIV-1 和 HIV-2 的 *VIF*、HIV-1 的 *vpu* 和 HIV-2 的 *vpx* 等，用于抵消宿主限制因子。HIV-1 和 HIV-2 还编码 *nef* 和 *vpr* 等附属基因。HTLV-1 通过交替剪接 pX 区域表达多个不同功能的辅助基因，其中 *hbz* 基因编码 HBZ，在 HTLV-1 的发病机制中起主要作用。

此外，人类逆转录病毒基因组还包含非编码序列，这些序列在逆转录病毒的复制过程中发挥多种作用。基因组的 5' 和 3' 末端含有长末端重复序列，有助于将基因组复制和整合到宿主基因组中。逆转录病毒基因组的 5' 非翻译区域包含具有特定结构的高级二级结构区域，其中包括介导二聚化和基因组包装的功能。

常见的逆转录病毒包括人类免疫缺陷病毒（HIV）和人类 T 淋巴细胞白血病病

毒（HTLV-1）。这些病毒的攻击方式使它们具有长期感染和持续复制的能力，对宿主的免疫系统和整体健康产生重大影响。

需要指出的是，并非所有病毒都具有攻击人类基因组的能力。绝大多数病毒仅侵入宿主细胞并在细胞内复制自身，而不直接修改宿主基因组。然而，逆转录病毒和部分类似逆转录病毒攻击宿主基因组，使它们成为研究基因组组成和功能的重要工具，同时也是重要的医学研究对象。

8.1.4 病毒感染与免疫应答

病毒感染引发宿主免疫应答，包括细胞免疫和体液免疫。免疫系统通过识别病毒感染并启动相应的免疫反应来清除病毒。某些病毒可以通过多种机制干扰或逃避免疫系统的监测和攻击，包括改变表面蛋白结构、抑制免疫细胞功能和产生抗病毒因子等。这种免疫逃避策略使得病毒能够更有效地感染宿主细胞并逃避免疫系统的攻击。

病毒是一种微生物，它们存在于自然界中，可感染人体细胞。在感染的过程中，病毒通过多种机制干扰人体免疫细胞，削弱它们的功能，从而避开免疫系统的监测和攻击。以下将详细介绍病毒干扰人体免疫细胞的主要机制。

首先，某些病毒可以利用细胞膜受体来侵入宿主细胞。它们通过与宿主细胞表面的特定受体结合，并利用该受体进入细胞内部。此过程通常涉及膜融合和病毒基因组释放，具体依赖病毒和宿主细胞之间的相互作用。这种侵入过程可能不会被免疫系统立即察觉，从而给病毒提供了时间来复制和传播。

其次，一旦病毒进入宿主细胞，它们可以采取措施干扰免疫细胞的功能。例如，许多病毒会生产抗体，它们与宿主细胞产生的抗体相似，可以抑制免疫细胞的活性。此外，病毒还可以干扰免疫细胞的信号传导，从而削弱其活性，包括阻断细胞间的信号传递、抑制细胞因子的产生，或破坏细胞间的黏附。

最后，部分病毒会抑制宿主细胞的免疫反应。它们可以抑制宿主细胞释放抗病毒细胞因子，例如干扰素和趋化因子。

病毒可以通过多种方式攻击人体免疫系统，削弱或逃避免疫反应，从而成功感染宿主。这些机制包括以下几种。

免疫逃避：一些病毒可以通过变异或改变其表面蛋白的结构来避开免疫系统的监测和识别。这使得免疫系统难以识别和消灭病毒，从而为病毒提供了更多时间侵袭宿主。

免疫抑制：某些病毒能够干扰宿主的免疫反应。它们可以抑制细胞信号传导途径、干扰细胞凋亡机制，或抑制免疫细胞的功能，从而削弱宿主的免疫应答能力。

细胞入侵和复制：病毒可以侵入宿主细胞并利用宿主细胞的机制来复制自身。在这个过程中，病毒可以利用宿主细胞的生物机制来隐藏并避免免疫系统的监测。

干扰免疫信号通路：某些病毒可以干扰宿主细胞的信号通路，包括产生假的免疫信号以误导免疫系统，或抑制宿主细胞产生抗病毒因子，阻碍免疫细胞的正常功能。

破坏免疫细胞：一些病毒可以直接攻击和破坏免疫系统中的关键细胞，如 T 细胞、B 细胞和巨噬细胞。这削弱了免疫系统的功能，使它难以有效识别和清除病毒。

8.2 一种特殊的病毒

人体染色质中存在一类古病毒，也称为人类端粒长度调控病毒（human endogenous retroviruses，HERVs）。HERVs 是一类已经嵌合到人类基因组中的遗传元素，起源于过去数百万年间在人类祖先体内感染的逆转录病毒。

HERVs 的基本结构与典型逆转录病毒相似，包括基因组中间有大量重复序列和逆转录酶等特征性的基因。随着病毒的进化，它们在人类基因组上的插入复制过程中发生了重组，形成了多个不同类型的 HERVs 家族。

大多数 HERVs 在人类基因组中已经失去了感染性，但它们的遗传信息仍然存在于人类染色体中，特别是在染色质的间隔区域和端粒中较为丰富。研究表明，HERVs 可能在人类进化和基因组稳定性方面起着重要作用。对 HERVs 的功能和对人类基因组的影响仍在研究之中。

研究发现，HERVs 可能与人类疾病的发生和发展相关。它们的插入和活性会对基因组调控和表达产生影响，可能与自身免疫疾病、肿瘤和神经系统疾病等疾病的发病机制有关。此外，HERVs 还与染色质组织结构的调节和细胞发育等生理过程有关。

尽管 HERVs 在人类基因组中广泛存在，并可能与一些疾病有关，但研究人员对其具体功能和作用机制仍不甚了解。通过对 HERVs 的进一步研究，我们可以更好地理解它们在人类基因组中的作用，以及它们与疾病之间的关联，为人类健康和疾病治疗提供新的认识和方法。

总之，进一步研究病毒和染色体之间的关系对于理解病毒感染机制、免疫逃避策略以及与疾病发生和发展相关的生物学过程至关重要。

8.3 染色体和免疫

前面我们已经了解了病毒的特性，并且知道了病毒感染引发的免疫反应可能通过改变染色质结构和基因表达来调节免疫细胞的活性和免疫应答的效能，接下来我们将详细了解免疫系统是如何发挥作用的。通常当谈到免疫系统时，我们并不会联系到染色体，因为染色体存在于细胞核中，而免疫系统更多的是对生物体整体的影响。但实际上，染色体是细胞的重要组成部分，它们携带着基因，这些基因编码了生物体的所有特征。免疫系统是生物体的防御系统，它可以识别和消灭入侵的病原体。染色体和免疫系统之间的关系非常复杂，因为染色体不仅影响免疫系统的功能，而且免疫系统也可以影响染色体的稳定性。

8.3.1 V(D)J重排

要想了解染色体与免疫系统间的关系，首先要了解免疫系统的组成。免疫是指保护生物免受各种疾病侵害的生物过程，这些过程所组成的复杂网络构成了免疫系统。免疫系统可以响应多种病原体，包括且不局限于病毒、细菌、寄生虫、癌细胞和外来物体。几乎所有生物都有免疫系统。细菌具有最基本的免疫系统，其以酶的形式表现，主要用以防止病毒感染。而随着生物的进化，包括人类在内的脊椎动物的免疫系统已经具有更复杂的防御机制，可以更有效地识别病原体。其适应性免疫系统通过产生抗体来特异性针对抗原的能力，与染色体重排之间也有紧密的联系。

有限的基因是如何满足抗体的多样性的？这与V(D)J重排密切相关。V(D)J重排是染色体重排的一种机制，只发生在T细胞和B细胞成熟早期的发育淋巴细胞中。它导致了B细胞和T细胞中分别产生高度多样化的免疫球蛋白（抗体）和T细胞受体（TCR）。这一过程也是适应性免疫系统的决定性特征。以人类为例，人的抗体分子由重链和轻链组成，每条轻链都包含恒定区（C）和可变区（V），由3个基因位点编码，这3个位点分别是：

（1）位于 14 号染色体上的免疫球蛋白重链基因座（IGH@），含有免疫球蛋白重链的基因片段。

（2）免疫球蛋白卡帕（κ）基因座（IGK@）位于第 2 号染色体上，含有一种免疫球蛋白轻链（κ）的基因片段。

（3）免疫球蛋白拉姆达（λ）基因座（IGL@）位于第 22 号染色体上，含有另一种免疫球蛋白轻链（λ）的基因片段。

每个重链或轻链基因都包含抗体蛋白可变区三种不同类型基因片段的多个拷贝。例如，人类免疫球蛋白重链区包含 2 个恒定（Cμ 和 Cδ）基因片段和 44 个可变（V）基因片段，以及 27 个多样性（D）基因片段和 6 个连接（J）基因片段。轻链基因具有单个（Cκ）或 4 个（Cλ）恒定基因片段，其中有许多 V 和 J 基因片段，但没有 D 基因片段。DNA 重排导致每种基因片段都有一个拷贝存在于任何特定的淋巴细胞中，从而产生了一个庞大的抗体库；尽管其中一些会因为自身免疫反应被排除掉，但仍有大约 3×10^{11} 种组合是可行的[4]。

这里简单介绍一下免疫球蛋白产生过程中的 V（D）J 重排。

（1）重链。在发育中的 B 细胞中，第一个重组事件发生在重链基因座的一个 D 基因片段和一个 J 基因片段之间。这两个基因片段之间的任何 DNA 都会被删除。D 基因片段和 J 基因片段重组（DJ 重组）之后，来自新形成的 DJ 复合物上游区域的一个 V 基因片段加入，形成重新排列的 V（D）J 基因片段。此时，V 基因片段和 D 基因片段之间的所有其他基因片段都已从细胞基因组中删除。生成的初级转录本包含重链的 V（D）J 区域以及恒定的谬链和德尔塔链（Cμ 和 Cδ），即主转录本包含以下片段：V-D-J-Cμ-Cδ。初级 RNA 经过处理后，在 Cμ 链后添加一个多聚腺苷酸化（poly-A）尾部，并去除 V（D）J 片段与该恒定基因片段之间的序列。这种 mRNA 翻译后可产生 IgM 重链蛋白。

（2）轻链。免疫球蛋白轻链基因座的 κ 链和 λ 链的重排方式非常相似，只是轻链缺少 D 基因片段。换句话说，轻链重组的第一步是在初级转录过程中加入恒定链基因之前，先将 V 链和 J 链连接起来，形成 VJ 复合物。剪接后的 κ 链或 λ 链经 mRNA 翻译后形成 Igκ 或 Igλ 轻链蛋白。

除了 B 细胞所产生的免疫球蛋白，T 细胞表面的 T 细胞受体也与染色质重排相关。大多数 T 细胞受体由可变的 α 链和 β 链组成。T 细胞受体基因与免疫球蛋白基因相似，它们的 β 链也包含多个 V、D 和 J 基因片段（α 链包含 V 和 J 基因片段），这些片段在淋巴细胞发育过程中重新排列，为细胞提供独特的抗原受体。从这个意义上说，T细胞受体在拓扑学上相当于抗体的抗原结合片段，两者都属于免疫球蛋白超家族。

在胸腺细胞发育过程中，T细胞受体（TCR）链基本经历了与免疫球蛋白相同的有序重组。DJ重组首先发生在TCR的β链上。这一过程可能涉及$D_\beta 1$基因片段与6个$J_\beta 1$片段之一的连接，也可能涉及$D_\beta 2$基因片段与6个$J_\beta 2$片段之一的连接。如上述DJ重组后，V_β和$D_\beta J_\beta$间发生重排，在新形成的复合体中，V_β-D_β-J_β基因片段之间的所有基因片段都会被删除，并合成包含恒定结构域基因（V_β-D_β-J_β-C_β）的主转录本。

综上可以看出，通过V（D）J重组，免疫细胞可以产生大量的特异性抗体，并提供针对各种病原体的适应性免疫。除此之外，V（D）J重组在疾病治疗和免疫疫苗开发中也具有重要意义。由于V（D）J重组可以产生各种不同类型和特异性的抗体，因此被广泛应用于疾病的治疗和预防中。例如，在肿瘤治疗中，利用V（D）J重组技术可以制备特异性的单抗，靶向肿瘤细胞并诱导其凋亡。此外，V（D）J重组还为开发疫苗提供了新的思路。通过利用V（D）J重组技术，科学家可以设计并合成具有特定病原体抗原特异性的抗体，从而提高疫苗的免疫保护效果。

8.3.2　染色体不稳定性与免疫

染色体不稳定（CIN）是指细胞内染色体结构的异常或不正常改变，包括染色体结构异常、染色体数目异常以及基因组重排等。这种不稳定性可以导致基因组的异常增加或减少，进而影响细胞的正常功能和调控机制。染色体不稳定性对免疫治疗有十分重要的影响。第一，染色体不稳定是肿瘤发生和发展的一个主要特征；第二，染色体不稳定性也与肿瘤的转移和侵袭有关；第三，染色体不稳定性对免疫治疗的预测和选择也具有一定的价值。接下来将从上述三个角度来阐明染色体不稳定性与免疫治疗的关系。

（1）染色体不稳定性和肿瘤发生与发展之间的关系。以传统的肿瘤治疗手段为切入点，癌症治疗通常包括手术、放疗或化疗。放疗和大多数化疗药物都会对增殖的肿瘤细胞造成DNA损伤。例如，对癌细胞有效的铂类药物会形成DNA加合物。其他药物，如蒽环类药物通过抑制DNA拓扑异构酶和促进线粒体活性氧（ROS）的产生导致DNA损伤。在正常细胞中，DNA损伤反应（DDR）可立即识别DNA

损伤，并激活细胞周期停滞和 DNA 修复的检查点。在癌细胞中，DNA 损伤对肿瘤细胞来说是致命的，针对 DNA 损伤反应的相关成分正是一些化疗药物的目标。但反过来，DNA 损伤本身可能是染色体分离缺陷和染色体不稳定或 DDR 蛋白与 DNA/染色体蛋白异常结合的原因，这便导致了肿瘤的发生与恶化。

  DNA 修复机制的缺陷可能会导致肿瘤的发生，即在肿瘤细胞中，可能存在某些 DNA 修复机制的缺陷。例如，*BRCA1* 和 *BRCA2* 基因的突变可导致家族性乳腺癌和卵巢癌，这些基因在 DNA 双链断裂修复过程中起到关键作用。其他一些 DNA 修复相关基因的突变也被发现与某些肿瘤的发生有关。染色体修饰和重塑也与肿瘤发生有关：DNA 损伤修复与染色体的结构和组织有密切的联系。染色体修饰和重塑能够影响 DNA 修复的进行和效率。例如，组蛋白乙酰化、甲基化和丝氨酸/苏氨酸磷酸化等修饰会在 DNA 修复的不同阶段发挥重要作用，而这些修饰通常在肿瘤中发生异常改变。高度染色体不稳定性和突变负荷也会导致肿瘤细胞的发生：肿瘤细胞的高度染色体不稳定性会导致大量的基因组结构异常和基因突变，包括染色体重排、片段缺失、断裂等。这些异常可能发生在 DNA 损伤修复机制中的关键基因上，从而导致修复机制的紊乱和改变。总之，染色体不稳定性是肿瘤发生和发展的一个重要特征。

  除了 DNA 的断裂修复机制，肿瘤的发生与炎症之间也存在复杂的联系。炎症，尤其是慢性炎症，长期以来一直被认为会导致肿瘤，并且将炎症指标列为癌症的第二代标志物。据统计，多达 20% 的癌症可能是由慢性炎症引起的。除了肿瘤发生，肿瘤的转移也与炎症和先天免疫系统有关。在诱导的非整倍型细胞系实验中，可以发现这些细胞中与炎症反应相关的基因特征上调。虽然其中一个特征是能够被自然杀伤细胞识别的细胞表面蛋白的表达，这似乎与肿瘤的转移无关，因为其研究的主要是细胞周期停滞的非整倍型肿瘤细胞，而没有经历细胞周期停滞的非整倍型细胞可能会表现出不同的炎症反应。此外，除了吸引自然杀伤细胞，还发现非整倍型细胞的其他炎症基因上调，可能这里与 CIN 相关的炎症上调机制之一是 cGAS-STING 通路[5]。

  cGAS 酶最初被认为是抗病原体免疫反应中微生物 DNA 的传感器，但它也能识别 CIN 癌细胞中产生的受损 DNA 和微核。一旦被 DNA 激活，cGAS 就会产生第二信使 cGAMP，它与 STING 结合并激活 STING，从而触发促炎细胞因子的释放。cGAS-STING 信号通路为 CIN 在癌症中的作用增加了另一层复杂性。虽然肿瘤中 cGAS-STING 信号的激活可能为动员免疫监视提供了强有力的手段，从而导致肿瘤的清除，但 CIN 肿瘤很可能已经适应了持续的 cGAS-STING 信号，从而变得不敏感。耐人寻味的是，CIN 肿瘤甚至可以利用持续的 cGAS-STING 信号来增加 DNA 损伤，帮助细胞形成转移表型。因此，传统药物与细胞毒性药物相结合的方法通过抑制 cGAS-STING 信号转导，可为改善 CIN 癌症的预后提供有力的手段。

（2）染色体不稳定性也与肿瘤的转移和侵袭相关，并通过肿瘤的恶性程度增强的形式表现出来，或者也可以称作肿瘤的进化。在癌症发展过程中，肿瘤群体承受着严重的来自细胞内外的压力。由于这些进化压力，肿瘤群体需要不断变化，以筛选出最合适的表型。这种变化也可能以新核型的形式出现，相关实验研究发现，非整倍体的核型在不利条件下更具有选择性优势[6]。

虽然非整倍体核型可以在没有活跃的 CIN 驱动机制的情况下产生，如单一的随机错误分离事件，但 CIN 是产生可能有利的非整倍体核型的一种更有效的方式。CIN 在癌症中如此突出的原因是，它是癌细胞进化的一个主要因素。正如前文所述，CIN 能够诱发一系列基因组变化，从微小到巨大不等。可归因于 CIN 的大规模基因组变化的例子包括染色体分裂和基因组混乱。在癌症的发展过程中，由于肿瘤需要克服各种打击才能存活，这些压力包括化疗和免疫攻击，因此往往需要这种巨大的变化。在这种情况下，快速的全基因组变化往往比单基因突变更能诱导适应，因为大的基因组重排/变化会导致基因组组织、基因之间的相互作用以及转录组的变化，从而导致表型的显著改变。虽然并非每次基因组重排都会导致可存活的核型，但 CIN 带来的额外肿瘤内遗传异质性被认为会增加群体中出现可存活核型的概率。在癌症进化过程中，具有高度 CIN 和多种不同核型的肿瘤细胞群可能会推动快速的应激适应。在癌症中已观察到此类间断性进化或宏观进化事件的实例。在间断性进化之后，随后的单基因突变可进一步微调所选择的核型，使其达到最佳生长和存活状态[7]。

肿瘤转移在肿瘤研究中受到了广泛的关注，转移性肿瘤是癌症死亡的最主要原因，约占癌症相关死亡的 90%。既然非整倍体、CIN 和转移之间可能存在关联，那么 CIN 肿瘤转移的潜在机制是什么？具有转移能力的细胞被认为是在癌症进化过程中产生的。在这一过程中，癌细胞会不断改变其基因型，而具有优势表型的细胞会被选中（类似于正常进化），这种癌细胞进化在基因异质性和可塑性强的群体中发生得更快。据推测，由于染色体的不断变化，CIN 会使肿瘤更加异质。因此，由于基因异质性的增加，CIN 肿瘤可能会更早出现转移。

（3）染色体不稳定性与肿瘤免疫之间也存在着联系，同样影响着肿瘤免疫治疗的效果与评价。通常，原发性肿瘤的肿瘤微环境可能是免疫抑制的，但当肿瘤细胞发生转移扩散时，肿瘤细胞便失去了这类保护，因此，能够成功转移的肿瘤细胞很可能具有免疫逃避的功能。已经有研究表明，循环性肿瘤细胞、散播性肿瘤细胞和转移瘤更有能力抵抗免疫系统的影响，例如，循环性肿瘤细胞通常具有更高水平的染色体不稳定性，肿瘤在增殖的过程中，更高水平的染色体不稳定性更倾向于消除自身免疫原性，来逃避免疫系统[8]。

前文已经阐述了免疫系统拥有有效的方法来处理非整倍体核型和异质性肿瘤，但也有许多种肿瘤被证明可以发展出有效的逃避免疫系统的方法。研究发现，肿瘤的转移与复发和免疫编辑的缺乏相关，肿瘤细胞会表现出免疫逃避的特征；同时，免疫编辑缺乏又表现出更高的非整倍体核型。通过对非整倍体核型的肿瘤临床样本进行生物信息分析，发现具有高非整倍体核型的临床肿瘤样本表现出自然杀伤细胞和 CD8+T 细胞标志物的表达降低，这表明这些免疫细胞在高度非整倍体核型肿瘤中的参与减少，因此这些肿瘤的免疫逃逸能力增强。

染色体不稳定性会导致肿瘤细胞产生大量的突变和新的抗原，称为肿瘤特异性抗原（tumor-specific antigen，TSA）。这些 TSA 可以被免疫系统识别为外来抗原，从而激活免疫细胞对肿瘤的攻击。因此，染色体不稳定性可以增加免疫检查点抑制剂对肿瘤的敏感性。

染色体不稳定性也可能导致肿瘤细胞上免疫检查点的过度表达。免疫检查点的负调控机制可以抑制免疫细胞对肿瘤的杀伤作用。在染色体不稳定性高的肿瘤中，由于长期受到突变等因素的刺激，免疫检查点的表达水平常常升高。这就使得肿瘤细胞能够通过免疫检查点信号通路逃避免疫细胞的攻击。

现有的肿瘤免疫治疗手段中，免疫检查抑制剂是目前应用最广泛的肿瘤免疫治疗方法。通过抑制肿瘤细胞之间的负性信号传导通路，激活免疫系统攻击肿瘤。目前应用最广泛的免疫检查点抑制剂主要包括 PD-1（程序性死亡-1）抗体和 CTLA-4（细胞毒性 T 淋巴细胞相关抗原-4）抗体。PD-1 是一种位于免疫细胞表面的蛋白质，通过与其配体（PD-L1 和 PD-L2）结合，可以抑制 T 细胞的活化和增殖，从而使肿瘤逃避免疫袭击。PD-1 抗体（如 nivolumab、pembrolizumab）可以结合 PD-1 受体，阻断 PD-1 与其配体结合，解除 T 细胞的抑制状态，从而恢复 T 细胞对肿瘤的攻击能力。CTLA-4 是另一种免疫细胞表面的蛋白质，它在 T 细胞活化早期抑制免疫应答。CTLA-4 抗体（如 ipilimumab）可以结合 CTLA-4 受体，阻断其与抑制性分子 CD80/CD86 的结合，从而抑制 CTLA-4 的作用，增强 T 细胞的活化和增殖，加强对肿瘤的攻击。这些免疫检查点抑制剂已经在多种肿瘤的治疗中取得了显著的临床效果。例如，PD-1 抗体在黑色素瘤、非小细胞肺癌、肾细胞癌等肿瘤治疗中显示出广泛的应用前景，CTLA-4 抗体则在恶性黑色素瘤治疗中取得了重要突破。

总之，染色体不稳定性与免疫检查点抑制剂之间存在密切的关系。染色体不稳定性可以增加免疫系统对肿瘤的敏感性，通过激活免疫细胞对肿瘤进行攻击。同时，染色体不稳定性还可能导致免疫检查点的过度表达，通过抑制免疫细胞的杀伤作用，使肿瘤细胞能够逃避免疫攻击。使用免疫检查点抑制剂可以消除这种逃逸机制，恢复免疫细胞对肿瘤的攻击能力。此外，染色体不稳定性还可能影响肿瘤微环境的免疫特征，进一步增强免疫检查点抑制剂的治疗效果。因此，深入理解染色体不稳定性与免疫检查点抑制剂之间的关系，对于发展个体化肿瘤免疫治疗具有重要意义。

参考文献

[1] LI J S Z, ABBASI A, KIM D H, et al. Chromosomal fragile site breakage by EBV-encoded EBNA1 at clustered repeats [J]. Nature, 2023, 616(7957): 504-509.

[2] MORISSETTE G, FLAMAND L. Herpesviruses and chromosomal integration [J]. Journal of Virology, 2010, 84(23): 12100-12109.

[3] OUSMAN S S, WANG J, CAMPBELL I L. Differential regulation of interferon regulatory factor (IRF)-7 and IRF-9 gene expression in the central nervous system during viral infection [J]. Journal of Virology, 2005, 79(12): 7514-7527.

[4] LI A, RUE M, ZHOU J, et al. Utilization of Ig heavy chain variable, diversity, and joining gene segments in children with B-lineage acute lymphoblastic leukemia: implications for the mechanisms of VDJ recombination and for pathogenesis [J]. Blood, 2004, 103(12): 4602-4609.

[5] HATCH E M, FISCHER A H, DEERINCK T J, et al. Catastrophic nuclear envelope collapse in cancer cell micronuclei [J]. Cell, 2013, 154(1): 47-60.

[6] CHAFFER C L, WEINBERG R A. A perspective on cancer cell metastasis [J]. Science, 2011, 331(6024): 1559-1564.

[7] STEPHENS P J, GREENMAN C D, FU B, et al. Massive genomic rearrangement acquired in a single catastrophic event during cancer development [J]. Cell, 2011, 144(1): 27-40.

[8] HUNTINGTON N D, CURSONS J, RAUTELA J. The cancer-natural killer cell immunity cycle [J]. Nature Reviews Cancer, 2020, 20(8): 437-454.

第9章

染色体与新药研发

9.1 新药研发

9.1.1 什么是新药研发

新药研发是指通过科学方法和临床实践，从发现新的治疗目标、药物分子或机制出发，逐步推进药物候选化合物的发现、开发和上市的全过程。它是一个复杂而漫长的过程，涵盖了多个阶段，包括基础研究、临床前研究、临床试验和上市监管等。

新药研发的第一步是基础研究，也称作发现研究阶段。在这个阶段，科研人员通过科学手段（如高通量筛选、基因工程技术等）探索疾病的病因、发病机制以及潜在的治疗目标。科研人员还可能进行化合物的筛选，以寻找能够干预疾病进程的分子。这个阶段的成果为后续的药物研发奠定了基础。

接下来是临床前研究阶段，也称作候选化合物优化阶段。在这个阶段，科研人员会对发现的候选化合物进行深入的研究和评估，包括药理学、药代动力学、安全性评估等方面。他们需要确定候选化合物的疗效、副作用和毒性特征，并进行优化，以提高其治疗效果和减少不良反应。

随后是临床试验阶段，这是新药研发的关键步骤。临床试验分为三个阶段：Ⅰ期、Ⅱ期和Ⅲ期。在临床试验中，新药会在逐渐扩大的受试者群体中进行测试，以评估其安全性、有效性和最佳用法。这些试验需要经过严格的伦理审查和监管机构的批准，确保患者的权益和安全。成功完成临床试验后，新药才有机会进入市场。

最后是上市监管阶段,这是新药获得上市批准并投入市场销售的过程。药品注册机构会评估新药的临床试验数据、质量控制标准和生产工艺等,并综合考虑药物的效果与风险,在确保其质量、安全和疗效的前提下,决定是否批准新药上市。一旦获得批准,新药可以供医生开处方和患者购买,以治疗特定的疾病。

新药研发是一个复杂且耗时的过程,涉及多个学科的交叉与创新,需要不断的科学探索和努力。新药的研发可以改善疾病治疗手段,提高患者的生活质量,为社会健康做出重要贡献。然而,需要注意的是,新药的研发是一项高风险的事业,其中只有少数候选化合物最终能够成功上市。因此,只有足够持续的资金投入、科学技术进步和政策支持,才能研发新药,推动医学领域的创新与发展。

9.1.2 新药研发的意义

新药研发对人类健康的重要性不可低估。随着科技的不断进步和医学的发展,新药的研发已经成为当今社会的迫切需求。它不仅可以改善患者的生活质量,还能够推动经济发展、促进社会进步,并在全球范围内解决公共卫生问题。

新药研发对于患者来说,意义重大。许多患者生活在病痛中,每年都有数以百万计的人因疾病而失去生命。通过创新药物的研发,我们可以改变这一现状。新药可能意味着更好的治疗效果、更高的康复率,甚至是疾病的根治。例如,在过去几十年里,抗生素的广泛应用显著降低了感染性疾病的死亡率,挽救了无数生命。因此,新药研发对于患者和他们的家人来说,意味着希望和机会,为他们提供了重获健康的可能。

新药研发对医学科学的进步和创新起到了推动的作用。药物的研发需要多个学科的合作,包括生物化学、分子生物学、药理学等。在这个过程中,科学家们不断探索和发现新的知识和技术,推动医学科学的前沿进展。例如,基因治疗、免疫疗法等新技术的出现,为治疗癌症等重大疾病提供了新的思路和手段。此外,新药研发还有助于深入了解疾病的本质和发病机制,为其他相关研究提供了重要的参考和支持。

新药研发对于经济发展和社会福祉来说,具有重要意义。创新药物的问世不仅为制药企业带来了经济收益,还创造了大量的就业机会。长期以来,制药行业一直是全球范围内的重要产业之一,为经济增长和社会稳定做出了巨大贡献。此外,通过降低疾病负担和提高患者生活质量,新药的应用可以减少医疗支出、提高医疗服务的社会效率，并改善社会公共卫生状况。

新药研发并非一帆风顺，面临着许多挑战和困难。首先，新药研发需要投入大量的时间、人力和资金。从药物的研制到临床试验和上市，整个过程可能需要数年甚至数十年的时间，并需要大量资金的投入。此外，研究人员还需要克服科学上的难题，如药物的选择性、毒副作用等问题。因此，需要政府、企业和学术界的共同努力，为新药研发提供必要的资源和环境。

在全球范围内，新药研发也面临着一些特殊的挑战。例如，一些偏远地区缺乏医疗资源和基础设施，使得新药的临床试验和应用受到限制。此外，一些重大传染病和疫苗的研发常常需要国际合作和信息共享，以应对全球公共卫生挑战。因此，跨国合作和合理利用资源是解决这些问题的关键。

新药研发对于人类健康、医学科学进步、经济社会发展和全球公共卫生都具有重要意义。通过持续投入和创新，可以不断推动新药研发的进程，为人类提供更好的医疗选择，改善生活质量，促进社会福祉的提升。当前，许多疾病仍无法治愈，新的疾病不断出现，新药研发迫在眉睫，我们应该以积极的态度和行动来支持和推动这一进程，为未来人类和社会的健康发展打下坚实的基础。

9.1.3 新药研发的困难

新药研发是一项复杂而艰巨的任务，面临着许多挑战和困难。新药研发需要克服科学上的不确定性，科学界对于人体疾病的认识还存在许多未知和争议。在这样的情况下，找到治疗目标、发现有效的药物分子并理解其作用机制并非易事。因此，研发团队需要不断进行前沿的科学研究，同时运用创新的技术手段来开展药物研发工作。

新药研发需要投入大量的时间和金钱。整个研发过程通常需要耗费数年甚至数十年的时间，并需要巨额资金支持。从药物候选化合物的筛选、优化到临床试验和上市监管，每个阶段都需要投入大量的资源和精力。由于研发过程中的不确定性和高风险性，也增加了新药研发的成本和时间投入。

药物研发面临着法规和伦理方面的挑战。为确保新药的安全性和有效性，临床试验需要严格按照伦理规范进行，并遵守国家药品监管机构的法规和要求。这增加了研发团队的工作难度，需要他们在研究过程中不断与监管机构进行沟通和合作，确保研究的合法性和合规性。

新药研发需要面对市场需求和商业考量。一款新药在研发之前，需要经过市场调研和商业评估，以确定其市场潜力和商业价值。同时，在新的研发完成后研发团队还需要进行专利申请和知识产权保护，以防止其他公司抢先上市类似药物。这些市场需求和商业考量增加了新药研发的复杂性和困难性。

新药研发需要解决药物的不良反应和安全性问题。药物在人体内的作用机制是复杂而多变的，可能会引发各种不良反应。为了确保药物的安全性和良好的耐受性，研发团队需要进行大规模的临床试验和安全性评估，以找出并解决药物的潜在风险。

总结起来，新药研发面临着诸多困难，包括科学上的不确定性、高昂的时间和资金投入、法规伦理问题、市场需求和商业考量，以及药物的不良反应和安全性等。尽管困难重重，新药研发仍然是医学领域的一项重要任务，为改善人类健康提供了希望和机遇。只有通过持续的科学创新、跨学科合作和政策支持，才能克服困难，推动新药研发的进展与突破。

9.1.4 染色体与新药研发

染色体与新药研发密切相关，因为染色体携带了人类的基因信息，可在新药研发的多个阶段发挥重要作用。

第一，基因发现和验证是新药研发的重要环节之一。人类拥有 46 条染色体，每一条染色体上都携带了大量的基因，这些基因负责控制人体的生长、发育、代谢、免疫功能等各个方面。在新药研发中，科学家们通过对染色体上的基因进行研究，来寻找与疾病相关的变异基因、突变基因或异常基因。这些基因的发现和验证为研发治疗特定疾病的新药提供了重要的依据。

第二，基因组学技术的快速发展为新药研发提供了巨大的支持，而染色体的测序是其中的重要环节之一。随着高通量测序技术的出现，染色体的测序成本大幅下降，测序速度大幅提高。这使得科学家们能够更加深入地研究染色体的结构、功能以及与疾病相关的变异。通过对特定基因区域或整个染色体组进行测序，科学家们能够获得更多关于基因组的信息，并发现新的治疗靶点或药物作用机制。这为新药研发提供了重要的数据和理论支持。

第三，基因编辑技术也与新药研发密切相关。CRISPR-Cas9 技术的出现使得基因编辑变得更加高效和精准。科学家们可以利用 CRISPR-Cas9 系统在染色体上进行直接的基因修饰，如插入、删除、替换等操作。通过基因编辑，科学家们能够验证特定基因的功能，研究基因突变与疾病之间的关系，并为新药研发提供重要的实验数据和研究方向。

第四，染色体的结构和表观遗传修饰也对新药研发有着重要的影响。染色体的组织状态和染色体结构对基因的表达和调控起着重要作用。通过研究染色体的结构和表观遗传修饰，科学家们可以了解具体基因的调控机制，从而发现新的药物靶点或干预手段。例如，近年来的研究表明，染色体三维结构中的变化与疾病的发生和发展密切相关。因此，研究染色体的结构和表观遗传修改有助于深入理解疾病的分子机制，并为新药研发提供新的思路和方法。

染色体携带了人类的基因信息，在新药研发的多个阶段发挥着重要作用。通过基因发现和验证、基因组学技术、基因编辑和染色体结构与表观遗传修饰的研究，科学家们能够深入了解基因在疾病中的作用，寻找新的治疗靶点，并为新药的研发提供依据和支持。随着技术的不断发展，染色体与新药研发之间的关系将更加密切，为人类健康带来更多突破和进展。

9.2 染色体相关新药研发案例

9.2.1 沃瑞司他

沃瑞司他（Vorinostat）是一种组蛋白去乙酰化酶抑制剂（HDACi），被用于治疗霍奇金淋巴瘤和其他癌症。

在20世纪80年代，科学家们开始研究组蛋白去乙酰化修饰在基因表达调控中的重要作用。他们意识到，抑制组蛋白去乙酰化酶（HDAC）这个调控因子，可以影响组蛋白修饰，从而干预癌细胞的增殖和生存能力。为了寻找具有HDAC抑制活性的化合物，研究人员进行了大规模的化合物筛选工作。他们使用高通量筛选技术，对数千种化合物进行测试，以寻找与HDAC相互作用的潜在候选物。在化合物筛选中，研究人员发现了一种化合物，即沃瑞司他。沃瑞司他被发现能够与HDAC相互作用，并有效地抑制其活性，导致组蛋白上的乙酰化修饰增加。组蛋白乙酰化是一种重要的染色体修饰形式，可影响染色体的紧密度和结构。通过增加组蛋白乙酰化修饰，沃瑞司他使染色体更加松弛，解开了核小体的紧密包装，改变了染色体结构，增加了染色体的可及性，使转录因子能更容易地与基因启动子区域结合，这有助于促进基因的转录活性，可能使一些抑癌基因的表达增强，并抑制一些促癌基因的表达，并且可能引发一系列细胞生物学过程，有助于恢复正常细胞周期调控、促进细胞凋亡和抑制肿瘤细胞的增殖，这种作用机制可能在特定类型的T细胞淋巴瘤治疗中发挥作用，促进正常细胞功能的恢复，这个发现为沃瑞司他成为一种潜在的候选药物奠定了基础。

为了评估沃瑞司他的抗肿瘤活性，研究人员进行了一系列的体外实验。他们使用不同类型的癌细胞系，观察沃瑞司他对癌细胞增殖和存活的影响。结果显示，沃瑞司他可以抑制癌细胞的生长，诱导凋亡（程序性细胞死亡），从而阻止肿瘤的发展。为了验证沃瑞司他的抗肿瘤活性，研究人员进行了动物实验。他们将人类癌细胞移植到小鼠体内，并给予沃瑞司他治疗。实验结果显示，沃瑞司他能够显著抑制肿瘤的生长和扩散，延长小鼠的生存期。在进入临床试验之前，研究人员对沃瑞司他进行了临床前研究。这些研究包括药物代谢、毒性学和安全性评估等方面的工作。通过这些实验，研究人员确定了沃瑞司他的最佳剂量和给药方案，并评估了其在非临床试验中的药理学特性。经过临床前研究的验证，沃瑞司他进入了临床试验阶段。这些试验分为不同的阶段（例如Ⅰ期、Ⅱ期、Ⅲ期），以评估沃瑞司他在患者治疗中的效果和安全性。根据临床试验的结果，沃瑞司他最终获得了国际药物监管机构的批准，被用于治疗符合适应证的患者。它成为一种重要的药物，为癌症患者提供了新的治疗选项。

沃瑞司他的研发过程涵盖了化合物筛选、体外实验、动物模型实验、临床前研究和临床试验等多个阶段。这一过程基于对组蛋白去乙酰化的认识，旨在发现一种能够干预肿瘤细胞增殖和存活的药物。通过严格的研究和评估，沃瑞司他最终获得了临床批准，并成为一种用于治疗癌症的有效药物。

9.2.2 地西他滨

地西他滨（Decitabine）是一种抗癌药物，属于胸腺嘧啶类似物（thymidylate synthase inhibitor）。它被广泛用于多种恶性肿瘤的治疗，包括结直肠癌、胃癌和食管癌等。以下是地西他滨的研发过程和作用机制的简要介绍。

地西他滨最初是由化学家海德尔堡（Heidelberger）在20世纪50年代末期合成的。之后，科学家们通过对药物分子结构和活性进行改进，进一步优化了地西他滨的抗癌活性和药物特性，使其成为一种有效且相对安全的抗癌药物。地西他滨的作用机制主要涉及以下几个方面：

（1）嗜铜蛋白靶点：地西他滨在体内经过一系列代谢反应后转化为活性代谢产物 5-氟脱氧尿嘧啶核苷酸（FdUMP），它与嗜铜蛋白结合形成稳定的 FdUMP-嗜铜蛋白复合物。这个复合物可以与嘧啶核苷酸合成酶（thymidylate synthase，TS）结合，抑制其活性。由于 TS 是嘧啶核苷酸的合成关键酶，FdUMP 的结合可阻断嘧啶核苷酸的合成，限制 DNA 的修复和复制。

（2）DNA 损伤：除了与 TS 结合，FdUMP 还可以在细胞内累积，并替代脱氧尿嘧啶核苷酸（dUMP）进入 DNA 链中。这样形成的 FdUMP-DNA 复合物会导致 DNA 链断裂、损伤，并阻碍 DNA 修复过程。

（3）代谢紊乱：地西他滨被嘌呤核苷酸化酶（thymidine phosphorylase，TP）代谢为 5-氟尿嘧啶（5-FU），5-FU 本身也是一种常用的抗癌药物。地西他滨通过增加细胞内 5-FU 浓度，进一步干扰细胞代谢途径，导致细胞凋亡和抑制细胞增殖。

地西他滨通过作用于嗜铜蛋白靶点、引起 DNA 损伤以及干扰细胞代谢，对癌细胞产生多方面的抑制作用。这些机制共同发挥作用，限制了癌细胞的增殖和生存能力，达到抗癌治疗的效果。需要注意的是，地西他滨的具体治疗机制可能因肿瘤类型、个体差异和联合用药等因素而有所不同，因此在使用地西他滨时应遵循医生的指导。

9.3 老药新用

在早期研究中，染色体被认为是细胞中的静态结构，然而，随着科学技术的不断进步，人们逐渐发现染色体在细胞调控和遗传传递中的重要性。近年来，"老药新用"的概念逐渐引起科学家们的兴趣，尤其是在染色体研究领域。老药新用指的是那些曾经用于治疗疾病的药，有了新的应用。在染色体研究中，一些老药被发现具有调控染色体结构和功能的潜力，这些药物可能通过影响染色体的组织和修饰来影响基因表达和细胞功能，从而在细胞调控中发挥作用。

例如，一些老药被发现具有调节 DNA 甲基化和组蛋白修饰的作用，这是染色体调控的关键过程。这些药物可能通过改变染色体的结构和状态，影响基因的转录和表达，从而对细胞功能产生影响。然而，老药新用的研究还处于起步阶段，尚需深入的实验和临床研究来验证其有效性和安全性。同时，这些老药在染色体研究中的作用机制和具体应用也需要进一步的探索。

本节将重点介绍染色体结构的解析和调控研究中使用的老药,包括一些早已在临床应用的药物以及一些曾经因为功能的限制而被忽视的药物。这些老药在染色体研究中的应用,为科学家们提供了新的思路和方法,也有助于揭示染色体的多样性和复杂性。

通过本节的内容,我们希望能够唤起对这些老药的关注,让它们在染色体研究中再次发挥作用。同时,我们也期待老药新用能在未来为染色体研究和医学发展带来更多的启示和突破。让我们一同探索染色体与老药新用之间的奇妙关系,为科学的进步贡献一份微薄之力。

9.3.1 什么是老药新用

老药新用是指那些已经上市并在临床治疗中得到广泛应用的药物,经过深入研究和进一步的临床观察后,被发现具有新的治疗效果或者适用于其他疾病的治疗。这些药物最初可能是为了特定疾病或症状而开发的,然而随着科学知识的不断积累和技术的进步,人们逐渐认识到它们在其他领域也有潜在的应用可能性。

9.3.2 早期的老药新用

早期的药物再利用往往源于意外发现。在药物研发过程中,科学家可能会注意到某种药物并没有像最初预期的那样在特定疾病治疗上表现出显著效果,却意外地在其他疾病上产生了疗效。

这种意外发现通常在临床实践中发生。医生可能会尝试使用某种药物来治疗某种疾病,但会观察到患者的症状并没有如预期般改善,反而在其他方面出现了改善。这引起了科学家的兴趣,促使他们进一步研究这种药物是否可能适用于治疗其他疾病。这种情况下,药物的不同应用可能是出乎意料的,但为药物再利用开辟了新的途径。

一个著名的案例是抗抑郁药物"利培酮"的发现。最初,利培酮被开发用于治疗精神分裂症。然而,随后的临床观察意外地发现,接受利培酮治疗的患者的抑郁症状得到了缓解。这个意外发现引发了科学家们的兴趣,随后的研究证实了利培酮在治疗抑郁症方面的效果,并将这一应用添加到了利培酮的临床适应证范围内。进一步的研究表明，利培酮的抗抑郁作用可能与其调节多巴胺和 5- 羟色胺等神经递质有关。这个新的临床应用使得利培酮成为了治疗同时伴有抑郁症状的精神分裂症患者的一种选择。

9.3.3　为什么要老药新用

老药新用的核心原因无外乎节省成本。对于已经上市并被广泛应用的药物，其安全性和毒副作用已经得到验证，临床试验和审批过程可以更加迅速和经济高效。相比于从头开始研发新药物，老药新用能够节省大量时间和资金。此外，老药新用也可以快速地为某些疾病提供新的治疗选择。例如，某个药物的治疗机制可能对其他疾病也有效，而通过进一步研究，可以发现这些药物在新的临床适应证中的潜力。再者，老药新用也有利于发现一些药物在不同疾病之间有共同的作用机制，这有助于拓展药物的用途，让它们在更多的疾病治疗中发挥作用。例如，在面对突发公共卫生事件或新的传染病时，已经上市的药物可能成为快速响应的有效手段，通过老药新用，可以迅速将这些药物应用于新的应急情况。因此，老药新用可以让药物在新的疾病治疗中发挥更大的疗效，从而提高患者的治疗效果。同时，这些药物的安全性和耐受性已经在临床中得到验证，有助于减少不必要的风险。

9.3.4　染色体生物学与老药新用

在老药新用的探索中，染色体生物学发挥着至关重要的作用，特别是在探究一些老药的新适应证和治疗机制方面。染色体是细胞核内的关键结构，对基因表达、细胞分化和遗传信息传递等生命过程至关重要。因此，对染色体的深入研究能够揭示药物在新领域应用的潜力，为老药的新用途提供了科学理论和实验基础。

通过对染色体的研究，可以发现一些药物在影响染色体结构和修饰过程中可能具有潜在作用。这些染色体相关的靶点可能与某些疾病的发生和发展密切相关，从而为老药在新适应证的应用提供了新的治疗方向。染色体生物学的研究有助于更深入地理解药物在细胞内的作用机制。对于老药的新用途而言，通过研究药物对染色体结构和修饰的影响，能够更清楚地了解药物在新治疗领域中的确切作用方式。

染色体在细胞内存在着复杂的相互作用和调控网络。运用染色体生物学的知识，可以探索一些药物组合治疗策略。这些组合可能在治疗特定疾病或疾病亚型时产生协同效应，从而提高疗效并减少耐药性的发生。考虑到不同个体和不同疾病状态下染色体状态的差异，染色体生物学的研究也有助于实现个体化治疗。通过分析患者的染色体特征，可以选择最适合的药物治疗方案，从而提升治疗效果。

9.4 老药新用的经典案例

9.4.1 二甲双胍

1. 二甲双胍的发现

二甲双胍（Metformin）是一种用于治疗Ⅱ型糖尿病的口服药物。英国于1957年首次批准了二甲双胍用于糖尿病治疗。该药物通过抑制肝脏产生葡萄糖，从而减少释放到血液中的葡萄糖量，同时促进人体细胞更好地对血糖水平做出调整。

二甲双胍最初是从山羊豆（*Galega officinalis*）这种豆科多年生草本植物中提取而得。1927年，科学家在兔和狗身上进行实验，注射较高剂量的山羊豆碱后观察到类似低血糖的现象。随后，人体试验验证了山羊豆碱对降低血糖的有效性。随后的研究继续探索了胍类化合物，并发现双胍类化合物的降糖效果更为强大，于是诞生了目前被广泛使用的"二甲双胍"药物。

2. 二甲双胍的抗癌作用

近年来的研究表明，二甲双胍不仅适用于糖尿病治疗，还可能在抗癌领域具有一定的作用。研究人员通过染色体生物学的研究发现，二甲双胍能够对细胞的染色体状态施加影响，特别是在组蛋白修饰方面发挥着关键作用。在抗癌方面，二甲双胍的作用机制主要集中在影响细胞的染色体状态和基因表达。染色体在基因表达、细胞分化以及遗传信息传递等生命过程中具有关键作用。其中，组蛋白修饰是一个重要的调节机制，它涉及乙酰化、甲基化、泛素化等化学改变，从而影响染色体的松紧程度和基因的可及性。乙酰化修饰通常与基因的活化相关，通过使组蛋白松弛，促进了转录因子和RNA聚合酶的结合，从而增强了基因的转录[1]。

研究发现，二甲双胍能够增加组蛋白的乙酰化修饰，从而增强抗癌途径的活性。例如，该药物能够激活AMPK（5'腺苷单磷酸激活蛋白激酶）信号通路，这是一个调控细胞能量代谢的关键途径。AMPK 的激活能够抑制蛋白激酶 B（AKT）信号通路，从而减缓细胞的增殖并促进细胞凋亡[2]。此外，二甲双胍还能够抑制 mTOR（哺乳动物雷帕霉素靶蛋白）信号通路，该途径对细胞增殖和生长具有重要调控作用。通过对这些信号通路的调节，二甲双胍能够抑制肿瘤细胞的增殖和生存，表现出可能的抗癌效果[3]。

此外，二甲双胍还能够降低组蛋白的甲基化修饰。一些研究表明，甲基化修饰在癌症的发生和发展中扮演重要角色，尤其是在肿瘤抑制基因的甲基化沉默方面。通过降低组蛋白的甲基化修饰，二甲双胍可能使一些肿瘤抑制基因重新被激活，从而对肿瘤产生抑制作用。这些发现揭示了二甲双胍在抗癌领域的潜在应用价值，但仍需要进一步研究来深入理解其作用机制和临床应用。

3. 二甲双胍的抗衰作用

最近，研究显示出二甲双胍可能在抗衰老领域具有积极作用。二甲双胍通过多种途径影响细胞的生理状态，从而对抗衰老过程产生积极影响，与抗肿瘤作用类似，二甲双胍抗衰老的作用也主要通过调控 AMPK-mTOR 信号通路发挥作用。

首先，二甲双胍可以作为 AMPK 的激活剂发挥抗衰老作用。通过激活 AMPK，二甲双胍可以促进细胞内能量的平衡和稳定，从而对细胞的衰老过程产生影响。二甲双胍通过激活 AMPK 来调节细胞代谢，这是它抗衰老作用的重要机制之一[4]。AMPK 作为一种细胞内的能量传感器，在细胞能量不足或压力条件下被激活，以维持细胞内的能量平衡和稳态。在细胞内，AMPK 的激活会导致多种生物化学途径的调节，包括促进葡萄糖的摄取和氧化，以增加细胞产生的能量。同时，AMPK 还可以抑制葡萄糖合成和脂肪酸合成，减少细胞内的能量消耗。这些调节措施共同作用，使细胞能够更有效地利用能量资源，并维持能量的平衡。在衰老过程中，细胞的能量代谢通常受到影响，导致能量平衡紊乱，细胞功能下降，甚至引发细胞死亡。二甲双胍的 AMPK 激活作用可以促进细胞内能量的平衡和稳定，增强细胞的生存能力，从而对衰老过程产生影响。

其次，二甲双胍通过抑制 mTOR 信号通路也可以抗衰老。mTOR 是一个重要的细胞增殖调控因子，它在衰老过程中起着关键作用。通过抑制 mTOR，二甲双胍可以减缓细胞的增殖速率，从而在抗衰老过程中产生积极的效果。在衰老过程中，mTOR 信号通路通常会过度活化，导致细胞增殖过度，而过度增殖的细胞往往容易发生异常和损伤，加速细胞衰老和功能下降。二甲双胍可以通过激活 AMPK 来抑制 mTOR 信号通路[5]。AMPK 的激活会抑制 mTOR 的活性，减缓细胞的增殖速率，从而减少异常增殖细胞的数量，有助于对抗衰老过程。通过抑制 mTOR，二甲双胍还可以促进细胞自噬过程。自噬是一种细胞内部的废物清除机制，可以帮助细胞清除损坏的蛋白质和细胞器，维持细胞的健康状态。随着年龄的增长，细胞的自噬能力通常下降，导致细胞内垃圾的积累和自身功能受损。通过促进自噬，二甲双胍可以帮助细胞清除垃圾，维持细胞的正常新陈代谢，减缓衰老过程[6]。

此外，二甲双胍可能还与 SIRT1（sirtuin 1）有关，SIRT1 是一种去乙酰化酶，它参与细胞代谢和抗氧化应激等过程。二甲双胍可以增加 SIRT1 的表达和活性，从而增强其去乙酰化酶活性。这会导致细胞内蛋白质的去乙酰化修饰增加，进而影响许多 SIRT1 调控的基因和通路。通过增强 SIRT1 的活性，二甲双胍可以促进细胞内能量代谢的平衡和稳定。SIRT1 调控细胞的能量代谢和氧化应激反应，有助于维持细胞的健康和延缓衰老过程。此外，SIRT1 还参与调节细胞的自噬过程，有助于细胞清除垃圾和维持细胞的功能。这些发现显示了二甲双胍在抗衰老领域的潜在作用，但仍需要进一步研究来深入探究其机制和应用前景。

9.4.2　阿司匹林

1. 阿司匹林的发现

阿司匹林最初来源于一种名为白柳树（*Salix alba*）的植物，该树属于杨柳科植物，原产于欧洲和亚洲地区。白柳树的树皮中富含一种叫作水杨酸（salicylic acid）的物质，水杨酸是阿司匹林的前体物质。古代人们发现白柳树的树皮有缓解疼痛、退烧等功效，因此将其作为药物使用。然而，纯水杨酸容易在胃肠道引起刺激反应，导致胃肠不适。

19 世纪末，德国化学家费利克斯·霍夫曼（Felix Hoffman）成功地合成了一种更温和的镇痛药物——乙酰氨基酚乙酸酯，即阿司匹林。阿司匹林属于非甾体抗炎药（NSAID），其基本作用机制是通过抑制环氧合酶（COX）的活性来发挥药理作用。环氧合酶是一种酶，参与合成前列腺素等炎症介质[7]。COX 有两种类型：COX-1 和 COX-2。COX-1 在正常细胞中表达，维护生理功能，如保护胃黏膜的完整性和调节血小板聚集。COX-2 则在细胞发生炎症和损伤时被诱导表达，参与炎症反应。

阿司匹林通过抑制 COX 活性，尤其是 COX-1 活性，减少前列腺素的合成，从而发挥以下基本作用：①镇痛：它能够减少组织损伤产生的炎症介质，如前列腺素，从而减轻疼痛；②抗炎：通过抑制 COX-2，阿司匹林可以减少炎症反应产生的炎症介质，如前列腺素 E2，从而减轻组织的炎症反应。这一药物的历史和作用机制展示了阿司匹林在医药领域的重要性和多样性。来源于自然的水杨酸是合成阿司匹林的基础，其通过调节 COX 酶的活性，对镇痛和抗炎作用产生了深远的影响。

2. 阿司匹林预防心脑血管疾病

近年来，科研人员发现阿司匹林在预防心脑血管疾病方面也具有广泛应用。其主要机制在于抑制血小板的聚集和凝结，从而减少血栓的形成，降低心脑血管疾病的发生风险。除了抑制血小板中的环氧酶活性，减少前列腺素的合成，以抑制血小板聚集外，阿司匹林还可以通过抑制血小板中的其他炎症介质合成，从而减少血小板的激活和聚集。这使得阿司匹林在预防心脑血管疾病方面发挥着重要作用，特别适用于高风险人群，如心血管疾病患者和存在其他心脑血管疾病风险因素的人群。此外，阿司匹林还可用于治疗稳定型心绞痛和急性心肌梗死，以及作为急性脑卒中的一部分治疗方案。

通过深入研究发现，前列腺素可能通过调节组蛋白乙酰化修饰来影响基因表达。组蛋白乙酰化修饰可以增强组蛋白的亲和性，使得转录因子更容易与染色体结合，从而促进基因的转录和表达。因此，阿司匹林通过抑制前列腺素合成可能影响组蛋白乙酰化修饰，从而调节与炎症相关基因的表达。另外，阿司匹林还可以影响乙酰化修饰酶活性，包括组蛋白去乙酰化酶（HDACs）。阿司匹林可能通过抑制 HDACs 活性，增加组蛋白乙酰化修饰水平，从而对基因表达产生调节作用[8]。HDACs 的抑制会导致组蛋白乙酰化修饰增加，使染色体松弛，使得某些基因的启动子区域更易于与转录因子结合，从而促进这些基因的转录和表达。这些基因可能涉及与炎症、免疫调节等密切相关的生物学过程，因此，阿司匹林的调节作用可能与其抗炎和免疫调节的药理作用密切相关。

尽管研究仍处于初步阶段，但阿司匹林通过调节 HDACs 活性以增加组蛋白乙酰化修饰水平的机制，为解释其抗炎和其他生物学效应提供了新的视角。然而，需要指出的是，阿司匹林的多种作用机制可能因细胞类型和组织而异，需要进一步深入研究来全面理解其在染色体生物学方面的调节作用，并为其在临床中的应用提供更精确的指导。

老药新用是一种经济高效的药物开发策略，通过重新评估已上市药物在新适应证下的疗效，拓展其临床应用。染色体生物学为发现这些潜在的新用途提供了切实的支持。某些药物可能通过影响细胞染色体状态和修饰来发挥作用。例如，二甲双胍在癌症治疗和抗衰老领域的作用机制，涉及其调节组蛋白修饰、AMPK信号通路等，这些发现丰富了药物的应用范围。

在老药新用的研究中，通过对染色体状态的调查，可以发现药物在新适应证下的潜在作用机制，从而为药物的重新定位提供新的理论依据。这种策略可以加速药物的开发过程，减少不必要的临床试验和研发成本，为患者提供更多治疗选择。总之，染色体生物学为老药的新用途探索提供了强大的工具，为药物研发和临床应用带来新的可能性。

参考文献

[1] MILLAN-ZAMBRANO G, BURTON A, BANNISTER A J, et al. Histone post-translational modifications-cause and consequence of genome function [J]. Nature Reviews Genetics, 2022, 23(9): 563-580.

[2] FORETZ M, GUIGAS B, BERTRAND L, et al. Metformin: from mechanisms of action to therapies [J]. Cell Metab, 2014, 20(6): 953-966.

[3] LING S, XIE H, YANG F, et al. Metformin potentiates the effect of arsenic trioxide suppressing intrahepatic cholangiocarcinoma: roles of p38 MAPK, ERK3, and mTORC1 [J]. Journal of Hematological Oncology, 2017, 10(1): 59.

[4] KHAN J, PERNICOVA I, NISAR K, et al. Mechanisms of ageing: growth hormone, dietary restriction, and metformin [J]. Lancet Diabetes Endocrinol, 2023, 11(4): 261-281.

[5] CASTILLO-QUAN J I, BLACKWELL T K. Metformin: restraining nucleocytoplasmic shuttling to fight cancer and aging [J]. Cell, 2016, 167(7): 1670-1671.

[6] ABDELLATIF M, SEDEJ S, CARMONA-GUTIERREZ D, et al. Autophagy in cardiovascular aging [J]. Circulation Research, 2018, 123(7): 803-824.

[7] ATALLAH A, LECARPENTIER E, GOFFINET F, et al. Aspirin for prevention of preeclampsia [J]. Drugs, 2017, 77(17): 1819-1831.

[8] JUNG S B, KIM C S, NAQVI A, et al. Histone deacetylase 3 antagonizes aspirin-stimulated endothelial nitric oxide production by reversing aspirin-induced lysine acetylation of endothelial nitric oxide synthase [J]. Circ Res, 2010, 107(7): 877-887.